単問チェックで

中学入試 基礎固め

数

（整数・規則性・場合の数）

単問チェックで 中学入試基礎固め

単問制覇が合格のカギ

「単問」とは，1問1答式の小問・1行題のことです．単問には，（1），（2），（ア），（イ）などといった誘導の設問や枝分かれの設問はありません．1つの問いに対して，1つの解答を返します．

単問は設問のポイントが1つで明確ですから，これを演習することは基礎の習得に最適です．短い時間で解けるので，繰り返し解いて確実に基礎を身につけましょう．

中学入試の算数でよく見られる出題の構成は，1番が計算問題，2番が各分野から単問を集めたもの，3番以降が，（1），（2）などの設問がある大問というパターンです．入試を突破するためには，前半の1番，2番の設問を確実に得点することが重要です．特別な難関校以外では，1番，2番の単問の正答率が合格のカギを握っています．

ですから，実際の中学入試で出題された単問を集めたこの問題集は，入試合格に直結した問題集です．

この本を使って欲しい人

- 中堅校を受験する人
- 難関校を受験する人で基礎固めをしたい人
- 入試直前に基本問題の総チェックをしたい人

この本の使い方

この本では，1ページに問題・解答が2組ずつのっています．問題文を読むときに右の解答が目に入るようであれば，これを紙で隠して使いましょう．特に，図形の問題であれば，そうしたほうがよいでしょう．

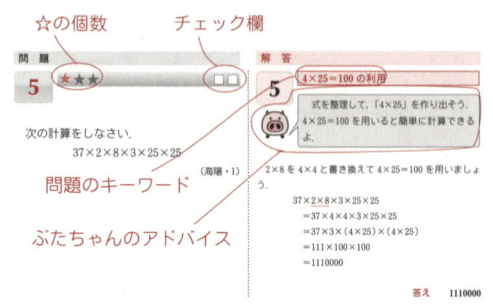

問題が解けない場合には，まずぶたちゃんのアドバイスを読んでみましょう．あなどるなかれ，ぶたちゃんは問題解法のポイントを教えてくれています．ぶたちゃんのアドバイスを読んでも解法が思い浮かばないときは，すぐに解答を見てかまいません．単問には深く考えて解くような問題はほとんどありません．単問が解けないということは，解き方を知らないということです．解答を読んで解き方を理解して，しばらく経ってからまた解きましょう．チェック欄がありますから，解けなかった問題に印をつけ，最後には，ぶたちゃんのアドバイスがなくても解けるようになるまで，くり返し解きましょう．

☆の個数で難易度を表しています．☆は1個から3個までで，☆の個数が多いほど難しい問題です．この難易度は，あくまで入試に出題される単問の中での難易で，単問以外の問題も含めた入試全体の問題に対しての難易度ではありません．

この本では，出題分野ごとに章を分けて掲載しています．また，解答欄の上には，問題の内容を一言で表すキーワード［約数・倍数，立方体の切断，つるかめ算］などが書かれています．苦手分野があれば，その分野の問題を集中的に解くことで，苦手分野を得意分野にすることができます．

単問チェックで

中学入試基礎固め

数 (整数・規則性・場合の数)

もくじ

本書の利用法……………… 2
▶計算……………………… 4
▶約数・倍数・余り………20
▶規則性……………………46
▶場合の数…………………70
▶論理………………………92

問題

1

$2\frac{2}{3}$ の逆数は □ です.

(雲雀丘学園)

2 ★★★

どこまでも規則的に続く小数 $0.363636\cdots$ を分数で表しなさい．ただし，分数はこれ以上約分できない分数にすること．

(東海大付高輪台，改題)

解 答

1 逆数

ある数の「逆数」とは，その数とかけて1となる数のことだよ．2の逆数は $\frac{1}{2}$.

$2\frac{2}{3}$ を仮分数に直すと $\frac{8}{3}$ です．これとの積が1となる数は，（分母と分子をひっくり返して）$\frac{3}{8}$ です．

答え $\frac{3}{8}$

2 循環小数の分数表示

$\frac{1}{9}=0.1111\cdots$, $\frac{1}{99}=0.010101\cdots$ となることを知っておこう．

"36" がくり返しになっていますから，

$0.363636\cdots = 0.010101\cdots \times 36$
$= \frac{1}{99} \times 36 = \frac{36}{99} = \frac{4}{11}$

答え $\frac{4}{11}$

問題

3

$\dfrac{1}{2}$, $\dfrac{11}{15}$, $\dfrac{7}{10}$, 0.8, $\dfrac{2}{3}$ のうち, 小さいほうから3番目の数はいくつですか.

（大阪聖母女学院・A2）

4 ★★★

$\dfrac{13}{14}$, $\dfrac{26}{27}$, $\dfrac{39}{41}$, $\dfrac{78}{83}$ のうち, 最も大きい分数を最も小さい分数で割るといくつになりますか.

（共立女子・C）

解答

3 大小比較

分数と小数の大きさを比べるには，どちらかにそろえればいいね．

分数を小数に直して比べましょう．

$\dfrac{1}{2}=0.5$, $\dfrac{11}{15}=0.73\cdots$, $\dfrac{7}{10}=0.7$, 0.8, $\dfrac{2}{3}=0.66\cdots$

したがって，小さい方から並べると，

$\dfrac{1}{2}$, $\dfrac{2}{3}$, $\dfrac{7}{10}$, $\dfrac{11}{15}$, 0.8

小さい方から3番目は $\dfrac{7}{10}$ です．

答え　$\dfrac{7}{10}$

4 大小比較

分子が同じ分数なら，分母が小さいほど分数の値は大きいよ．

$78=13\times6=26\times3=39\times2$ より，4つの分数の分子をすべて78にそろえます．

$\dfrac{13}{14}=\dfrac{13\times6}{14\times6}=\dfrac{78}{84}$, $\dfrac{26}{27}=\dfrac{26\times3}{27\times3}=\dfrac{78}{81}$,

$\dfrac{39}{41}=\dfrac{39\times2}{41\times2}=\dfrac{78}{82}$, $\dfrac{78}{83}$

すると，分母が一番小さい $\dfrac{78}{81}$ が最も大きく，分母が一番大きい $\dfrac{78}{84}$ が最も小さいことがわかります．

よって答えは，$\dfrac{78}{81}\div\dfrac{78}{84}=\dfrac{78}{81}\times\dfrac{84}{78}=1\dfrac{1}{27}$

答え　$1\dfrac{1}{27}$

問題

5 ★★★

次の計算をしなさい．
$$37 \times 2 \times 8 \times 3 \times 25 \times 25$$

（海陽・I）

6 ★★★

$\dfrac{3 \times 3 \times 7}{2 \times 2 \times 5 \times 5 \times 5}$ を小数で表しなさい．

（滋賀大教育学部附）

解答

5 $4 \times 25 = 100$ の利用

式を整理して，「4×25」を作り出そう．$4 \times 25 = 100$ を用いると簡単に計算できるよ．

2×8 を 4×4 と書き換えて $4 \times 25 = 100$ を用いましょう．

$$37 \times 2 \times 8 \times 3 \times 25 \times 25$$
$$= 37 \times 4 \times 4 \times 3 \times 25 \times 25$$
$$= 37 \times 3 \times (4 \times 25) \times (4 \times 25)$$
$$= 111 \times 100 \times 100$$
$$= 1110000$$

答え　　1110000

6 2×5 の利用

分母に $10(=2 \times 5)$ を作るように倍分（分母・分子に同じ数をかけること）するといいよ．

分母の 2 と 5 の個数が同じになるように倍分します．

$$\dfrac{3 \times 3 \times 7}{2 \times 2 \times 5 \times 5 \times 5}$$
$$= \dfrac{2 \times 3 \times 3 \times 7}{2 \times 2 \times 2 \times 5 \times 5 \times 5}$$
$$= \dfrac{2 \times 3 \times 3 \times 7}{10 \times 10 \times 10}$$
$$= \dfrac{126}{1000} = 0.126$$

答え　　0.126

問題

7 ★★★

□にあてはまる数を答えなさい．
3521 ÷ □ = 21　あまり 14

（智辯学園・後期）

8 ★★★

次の計算をしなさい．
15.2 × 0.123 + 12.3 × 0.043 + 0.05 × 1.23

（春日丘）

解答

7　余りのある割り算

割られる数から余りを引くと，□で割り切れる数になるよ．

3521 を □ で割ると商が 21 で，余りが 14 なので，
(3521 − 14) を □ で割ると商が 21 で割り切れます．
よって，□ = (3521 − 14) ÷ 21 = 167

答え　　167

8　分配法則の利用

分配法則を用いよう．
$a×b+a×c=a×(b+c)$

123 の並びが共通しているので，0.123 でまとめましょう．

15.2 × 0.123 + 12.3 × 0.043 + 0.05 × 1.23
= 15.2 × 0.123 + 4.3 × 0.123 + 0.5 × 0.123
= (15.2 + 4.3 + 0.5) × 0.123
= 20 × 0.123 = 2.46

答え　　2.46

問題

9 ★★★

次の計算をしなさい．

$2.51 \times 26 + 0.68 \times 50 + 1.32 \times 24 - 1.19 \times 26$

（大阪女学院・後期）

10 ★★★

$\dfrac{1}{1 \times 2} = 1 - \dfrac{1}{2},\ \dfrac{1}{2 \times 3} = \dfrac{1}{2} - \dfrac{1}{3},\ \cdots$ を用いて，次を計算しなさい．

$\dfrac{1}{1 \times 2} + \dfrac{1}{2 \times 3} + \dfrac{1}{3 \times 4} + \dfrac{1}{4 \times 5}$
$\quad + \dfrac{1}{5 \times 6} + \dfrac{1}{6 \times 7} + \dfrac{1}{7 \times 8}$

（関西大第一・誘導追加）

解答

9 分配法則の利用

分配法則の逆を用いて，順序よくまとめていこう．

$\underset{\text{ア}}{2.51 \times 26} + \underset{\text{イ}}{0.68 \times 50} + \underset{\text{ウ}}{1.32 \times 24} - \underset{\text{エ}}{1.19 \times 26} = \square$

まず，アとエをまとめます．

$2.51 \times 26 - 1.19 \times 26$
$= (2.51 - 1.19) \times 26 = 1.32 \times 26$

これとウをまとめると，

$1.32 \times 26 + 1.32 \times 24$
$= 1.32 \times (26 + 24) = 1.32 \times 50$

これとイをまとめると，答えは，

$1.32 \times 50 + 0.68 \times 50$
$= (1.32 + 0.68) \times 50 = 2 \times 50 = 100$

答え　100

10 中抜き公式

分数を引き算の形に直すと，打ち消し合って簡単に計算できるよ．

$\dfrac{1}{1\times2} + \dfrac{1}{2\times3} + \dfrac{1}{3\times4} + \dfrac{1}{4\times5}$
$\quad + \dfrac{1}{5\times6} + \dfrac{1}{6\times7} + \dfrac{1}{7\times8}$

$= \left(1 - \dfrac{1}{2}\right) + \left(\dfrac{1}{2} - \dfrac{1}{3}\right) + \left(\dfrac{1}{3} - \dfrac{1}{4}\right) + \left(\dfrac{1}{4} - \dfrac{1}{5}\right)$
$\quad + \left(\dfrac{1}{5} - \dfrac{1}{6}\right) + \left(\dfrac{1}{6} - \dfrac{1}{7}\right) + \left(\dfrac{1}{7} - \dfrac{1}{8}\right)$

$= 1 - \cancel{\dfrac{1}{2}} + \cancel{\dfrac{1}{2}} - \cancel{\dfrac{1}{3}} + \cancel{\dfrac{1}{3}} - \cancel{\dfrac{1}{4}} + \cancel{\dfrac{1}{4}} - \cancel{\dfrac{1}{5}} + \cancel{\dfrac{1}{5}}$
$\quad - \cancel{\dfrac{1}{6}} + \cancel{\dfrac{1}{6}} - \cancel{\dfrac{1}{7}} + \cancel{\dfrac{1}{7}} - \dfrac{1}{8}$

$= 1 - \dfrac{1}{8} = \dfrac{7}{8}$

答え　$\dfrac{7}{8}$

問題

11 ★★★

　大，小2つの円があります．大きい円の半径と小さい円の半径の差は5cmです．このとき，2つの円の円周の差は何cmですか．円周率は3.14とします．

（神戸山手女子）

12 ★★★

　A中学校の生徒数は，十の位を四捨五入すると1200人で，B中学校の生徒数は一の位を四捨五入すると1500人です．このとき，A中学校とB中学校の生徒数の和は，最も少なくて□人であり，A中学校とB中学校の生徒数の差は，最も多くて□人です．

（昭和薬科大附）

解答

11 □の利用

 小さい円の半径を□cmとおいて計算していこう．

　小さい円の半径を□cmとすると，大きい円の半径は□+5(cm)です．
　円周の差は，
　　（□+5)×2×3.14－□×2×3.14
　＝□×2×3.14＋5×2×3.14－□×2×3.14
　＝5×2×3.14＝31.4(cm)

答え　　31.4cm

12 およその数

 差が最も大きくなるとき，
（多い方の最大）－（少ない方の最小）

　A中学校の生徒数の範囲は，
　　1150人以上1249人以下　……………⑦
　B中学校の生徒数の範囲は，
　　1495人以上1504人以下　……………⑦
　両中学校の生徒数の和が最も少ない場合は，⑦，⑦それぞれの最も少ない人数を足したときなので，
　　1150＋1495＝2645(人)
　両中学校の生徒数の差が最も多い場合は，⑦の最も多い人数から⑦の最も少ない人数を引いたときなので，
　　1504－1150＝354(人)

答え　　2645，354

問題

13 ★★★

　小数第2位を四捨五入すると3.7になる数と4.3になる数の和は □ 以上 □ 未満になります．

（共立女子）

14 ★★★

　ある整数を9で割って，小数第1位を四捨五入したところ16になりました．このような整数のうち最も小さな整数を求めなさい．

（東邦大付東邦・後期）

解答

13　およその数

　小数第2位を四捨五入するとは，小数第2位の数が0〜4のときは，小数第1位までをとるよ．5〜9のときは，小数第1位の数にプラス1して，小数第1位までの数にするよ．
　たとえば，3.63→3.6　　4.28→4.3

　和の範囲を求めるには，小さい方どうし，大きい方どうしを足します．
　小数第2位を四捨五入して
　　3.7になる数は，3.65以上 3.75未満
　　4.3になる数は，4.25以上 4.35未満
です．
　したがって，和は，
　3.65＋4.25＝7.9以上　3.75＋4.35＝8.1未満
答え　7.9（以上）　8.1（未満）

14　およその数

　まず，小数第1位を四捨五入して16になる数の範囲を求めよう．

小数第1位を四捨五入して16になる数の範囲は，
　15.5以上 16.5未満 ……………………★
9で割ると★の範囲になったので，ある整数の範囲は，
　（15.5×9）以上（16.5×9）未満
つまり，139.5以上 148.5未満です．
　答えは，この範囲にある最も小さな整数なので，140です．

答え　140

問題

15 ★★★

ある整数を 11 で割っても，14 で割っても，その商の小数第一位を四捨五入すると 4 になります．このとき，ある数は □ です．

(東邦大付東邦)

16 ★★★

整数 □ に 47 をかけると 2012 より小さくなりますが，48 をかけると 2012 より大きくなります．

(浦和実業学園・3回)

解答

15　およその数

小数第一位を四捨五入すると 4 になるような数の範囲を，正確に表そう．

ある整数を n とします．

$n \div 11$ と $n \div 14$ を計算して，それぞれ小数第一位を四捨五入すると 4 になることから，

　$n \div 11$ は，3.5 以上 4.5 未満（4.5 より小さい）…㋐
　$n \div 14$ も，3.5 以上 4.5 未満 ………………………㋑

㋐より，n は（3.5×11）以上（4.5×11）未満，
つまり，38.5 以上 49.5 未満 ………㋒ です．

㋑より，n は（3.5×14）以上（4.5×14）未満，
つまり，49 以上 63 未満 ………㋓ です．

答えは，㋒と㋓の範囲にともに入っている整数なので，49 です．

　　　　　　　　　　　　　　答え　**49**

16　およその数

まず，2012 を割ってみないことには何もわからないよ．

2012÷47＝42.8… より，47 をかけると 2012 より小さくなるような整数は，42 以下です．

2012÷48＝41.9… より，48 をかけると 2012 より大きくなるような整数は，42 以上です．

以上から，答えは 42 です．

　　　　　　　　　　　　　　答え　**42**

問題

17 ★★★

$\dfrac{7}{12}$ と $\dfrac{2}{3}$ の間の数で，分母が 5 である分数の分子を求めなさい．

（ノートルダム清心・①）

18 ★★★

$\dfrac{5}{12}$ より大きく $\dfrac{9}{17}$ より小さい分数のうち，分母が 43 であるものは，全部で ☐ 個あります．

（横浜共立学園）

解答

17 分数

2 つずつ分母をそろえて，大きさを比べよう．

$\dfrac{7}{12} < \dfrac{\square}{5} < \dfrac{2}{3}$ を満たす ☐ を探します．

$\dfrac{7}{12} < \dfrac{\square}{5}$ を通分して，$\dfrac{35}{60} < \dfrac{\square \times 12}{60}$

☐×12 が 35 より大きいので，☐ は 3 以上です．

$\dfrac{\square}{5} < \dfrac{2}{3}$ を通分して，$\dfrac{\square \times 3}{15} < \dfrac{10}{15}$

☐×3 が 10 より小さいので，☐ は 3 以下です．
よって，☐＝3 となります．

答え　3

別解　分数の分子に小数を許して，5 で通分します．

$\dfrac{7}{12} = \dfrac{\square}{5}$ とすると，☐＝7×5÷12＝2.9…

$\dfrac{2}{3} = \dfrac{\square}{5}$ とすると，☐＝2×5÷3＝3.3…

$\dfrac{7}{12} = \dfrac{2.9\cdots}{5} < \dfrac{\square}{5} < \dfrac{2}{3} = \dfrac{3.3\cdots}{5}$

より，☐ に当てはまる整数は 3

18 分数

通分するのはたいへんだね．こんなときには，分母の 43 をかけてみよう．

$\dfrac{\square}{43}$ が $\dfrac{5}{12}$ より大きく $\dfrac{9}{17}$ より小さいとき，☐ は，

$\dfrac{5}{12} \times 43 = \dfrac{215}{12} = 17\dfrac{11}{12}$ より大きく，

$\dfrac{9}{17} \times 43 = \dfrac{387}{17} = 22\dfrac{13}{17}$ より小さい

ので，当てはまる整数 ☐ は，18，19，20，21，22 の，5 個あります．

答え　5

問題

19 ★★★

分母が 17 で，0.4 に最も近い数は $\frac{□}{17}$ です．

(開明)

20 ★★★

ある数に 3.5 を足すのをまちがえて，3.5 をかけたので答えが 1.82 になりました．正しい計算の答えは □ です．

(大谷（大阪）)

解答

19 分数

0.4 を分数で表した後，通分して分子を比べよう．

$0.4 = \frac{2}{5}$，$\frac{□}{17}$ を通分して，$\frac{34}{85}$，$\frac{□×5}{85}$ となります．

34 に一番近い 5 の倍数は 35 なので，

□×5＝35　よって，□＝7

　　　　　　　　　　　　　　　　答え　7

別解　分子に小数を許すと，$\frac{2}{5} = \frac{□}{17}$ に当てはまる数は，

□＝2×17÷5＝6.8

これに一番近い整数は 7

20 □の利用

正しい計算をするためには，まず，「ある数」を求めよう．

ある数を □ とすると，□×3.5＝1.82 より，

□＝1.82÷3.5＝0.52

正しい計算の結果は，

□＋3.5＝0.52＋3.5＝4.02

　　　　　　　　　　　　　　　　答え　4.02

問題

21 ★★★

　ある数に 6 をたしてから 3 倍するのをまちがえて，3 倍してから 6 をたしたので 57 になりました．正しく計算した答えはいくつですか．

（星野学園・2 回）

22 ★★★

　30 をある分数で割ろうとしたが，間違えてその分数の分母と分子を逆にした分数で割ってしまったところ，答えが 25 になりました．正しい答えはいくつですか．

（湘南学園）

解答

21 □の利用

まず「ある数」を求めてから，正しい計算をしよう．

ある数を □ とすると，
　□×3＋6＝57
これより，
　□＝(57－6)÷3＝17
正しい計算は，
　(□＋6)×3＝(17＋6)×3＝69

答え　**69**

22 □の利用

ある分数の分母と分子を逆にした分数で割るということは，その分数をかけることだよ．

ある分数を $\frac{○}{□}$ とします．

$\frac{○}{□}$ の分母と分子を逆にした分数で割るということは，$\frac{○}{□}$ をかけることです．実際，

$$30÷\frac{□}{○}=30×\frac{○}{□}=25$$

$$\frac{○}{□}=25÷30=\frac{5}{6}$$

正しい計算をすると，

$$30÷\frac{5}{6}=30×\frac{6}{5}=36$$

答え　**36**

問題

23 ★★★

★2＝2×2,
★3＝2×2×2
★4＝2×2×2×2

のような決まりがあるとき,

★5×★7＝★☐ です.

（青稜）

24 ★★★

2を24個かけた数と8を☐個かけた数は同じである.

（立正・2回午後）

解 答

23 約束記号

★5, ★7の値を実際に計算する必要はないよ.

★5＝2×2×2×2×2 （2が5個）
★7＝2×2×2×2×2×2×2 （2が7個）
かけると,
★5×★7＝(2×2×2×2×2)
　　　　×(2×2×2×2×2×2×2)
　　　　　　　　　（2が 5＋7＝12(個)）

右辺は, 2を12個かけたものなので, ★12に等しくなります.

答え　12

24 同じ数をかける

2を24個かけた数を計算する必要はありません. 8は2を何個かけたものかを考えよう.

$$\underbrace{\underbrace{2\times2\times2}_{3個}\times\underbrace{2\times2\times2}_{3個}\times\cdots\times\underbrace{2\times2\times2}_{3個}}_{24個}$$

8＝2×2×2 であり, 8は2を3個かけた数です. 2を24個かけた数は, 8を 24÷3＝8(個) かけたものに等しくなります.

答え　8

問題

25 ★★★

2●1 は，「(2+1)×(2−1)＝」の計算をするものとします．したがって，2●1＝3 となります．このとき，(9●6)●3＝□ となります．

（目黒星美学園）

解答

25 約束記号

計算例の 2, 1 を 9, 6 に置き換えて考えよう．

9●6＝(9+6)×(9−6)＝15×3＝45
(9●6)●3
＝45●3
＝(45+3)×(45−3)
＝48×42＝2016

答え　2016

問題

26 ★★★

A◎B＝(A×2+B)÷4 を表します．例えば，6◎3＝(6×2+3)÷4＝$\frac{15}{4}$ です．このとき，□◎$\frac{2}{3}$＝$\frac{11}{30}$ です．

（麗澤）

解答

26 約束記号

記号の計算の約束にしたがって，式をつくろう．あとは，コツコツ逆算を．

$$□◎\frac{2}{3}=\left(□×2+\frac{2}{3}\right)÷4$$

です．これが $\frac{11}{30}$ に等しいので，

$$\left(□×2+\frac{2}{3}\right)÷4=\frac{11}{30}$$

$$□×2+\frac{2}{3}=\frac{11}{30}×4=\frac{22}{15}$$

$$□×2=\frac{22}{15}-\frac{2}{3}=\frac{22-10}{15}=\frac{4}{5}$$

よって，□＝$\frac{4}{5}÷2=\frac{2}{5}$

答え　$\frac{2}{5}$

問題

27 ★★★

「$a◆b$」という記号は，「aとbの，和と差と積の合計」という計算を表すものとします．
（例：$12◆3=15+9+36=60$）
このとき，
  $(100◆75)◆1=$ ① ，
  $2012◆$ ② $=201200$
となります．

（攻玉社・2回）

28 ★★☆

右のA，B，Cには1から9の数字が，同じ文字には同じ数字が，違う文字には違う数字が当てはまります．Cに当てはまる数を求めなさい．

$$\begin{array}{r} AB \\ \times\ \ B \\ \hline CA \end{array}$$

（江戸川学園取手・2回）

解答

27 約束記号

前半の計算から，計算の仕組みをズバリとらえよう．

① $100◆75=(100+75)+(100-75)+100×75$
   $\qquad =100×(1+1+75)=100×77=7700$
つまり，aとbのうち，大きい方をaとすると
   $a◆b=a×(1+1+b)$
という計算になります．
   $(100◆75)◆1=7700◆1=7700×(1+1+1)$
   $\qquad\qquad\quad =7700×3=23100$ ……（①の答え）

② $2012×2012$ の値は，$2000×2000=4000000$ より大きいので，201200 より大きいといえます．よって，②にあてはまる数は，2012 より小さいことがわかります．
　そこで，②にあてはまる数をアとすると，
   $2012◆$ア$=2012×(1+1+$ア$)=2012×(2+$ア$)$
となり，これが，$201200(=2012×100)$ に等しいことから，$2+$ア$=100$ とわかります．
　よって，ア$=100-2=98$ ……………（②の答え）

答え　① **23100**　② **98**

28 覆面算

$B×B$の一の位がBになっていないことに着目．Bの値から決めよう．

Bが 1，5，6 のときは，$B×B$ の一の位の数がBになるので不適です．
㋐ $B=2$ のとき，$A=4$，$C=8$
㋑ $B=3$ のとき，$A=9$ となり積が3ケタになり不適．
㋒ $B=4$ のとき，$A=6$ となり積が3ケタになり不適．
㋓ $B=7$，8，9 のとき，積が2ケタになることから，$A=1$ です．$B=9$ となるが，$19×9=171$ となり不適．
　よって，㋐より，$C=8$

答え　**8**

問題

29 ★★★

下の計算を完成させなさい．

```
      □2□
    ×  3□
    ─────
    3□□4
    1□□2
    ─────
    □2□□4
```

（東海大付相模）

30 ★★☆

右の四角の中に1から9までの9つの数をひとつずつ入れて，たて，横，斜めの数の和が，すべて同じになるようにします．ア，イにあてはまる数を，それぞれ答えなさい．

ア		2
イ		9
8		

（共立女子・C）

解　答

29 虫食い算

はじめは，一の位の計算がヒントになります．また，筆算の途中に現われる数のケタ数も重要なヒントになるよ．

ア×3の一の位が2なので，アは4です．
　ア＝4であるとすると，4×イの一の位が4なので，イ＝1または6ですが，イ＝1のとき「エ2ア×1＝3□□4」とはならないので，イ＝1ではありません．
　イ＝6です．
　ウは，8か9ですが，24×3＝72となり2ケタなので，くり上がりはなく，1ウは3の倍数です．
したがって，ウ＝8，エ＝6　答え

```
      エ2ア
    ×  3イ
    ─────
    3□□4
    1ウオ2
    ─────
    □2□□4
```

```
      624
    ×  36
    ─────
    3744
    1872
    ─────
    22464
```

30 魔方陣

1から9まですべての数の和から，たて，横，斜めの数の和を求めよう．

1から9までの和は，
　1+2+3+4+5+6+7+8+9＝45
右図の点線で囲まれた部分3個分の和が45なので，1個分は，45÷3＝15です．
たて，横，斜めの和が15になります．
　ウ＝15－2－8＝5
　イ＝15－9－5＝1
　ア＝15－1－8＝6

答え　ア…6，イ…1

問題

31 ★★★

$10\times(9+8\square7\square6\square5\square4-3)$
$\times(2+1)=2010$

で，それぞれの□にあてはまる計算記号（＋，－，×，÷）を答えなさい．ただし，同じ記号を何回使ってもよく，また，使わない記号があってもよいものとします．

（順天・B）

解 答

31 魔方陣

'$8\square7\square6\square5\square4$' の値を求めよう．

$10\times(9+8\square7\square6\square5\square4-3)\times(2+1)=2010$
より，
$\quad 9+8\square7\square6\square5\square4-3$
$\quad =2010\div10\div(2+1)=67$
よって，
$\quad 8\square7\square6\square5\square4=67-9+3=61$
あとはいろいろ調べます．
$8\times7=56$ なので，あと，6と5と4で5をつくることを考えると，$6-5+4=5$ です．
よって，$8\times7+6-5+4=61$

答え　×，＋，－，＋

問 題

1 ★★☆

0 から 20 までの整数の中で素数は ☐ 個あります．

（沖縄尚学高附）

2 ★★★

2ケタの数で約数が 2 つのもののうち，小さい方から 3 番目までの和は ☐ である．

（履正社学園豊中）

解 答

1
素数の性質

 1と自分自身しか約数を持たない数を素数というぞ．ただし，1は素数ではないよ．

20以下の素数を小さい方から並べると，
　　2, 3, 5, 7, 11, 13, 17, 19
です．答えは 8 個．

　　　　　　　　　　　答え　8

2
素数の性質

 約数の個数が2個である数といったら，素数のことだね．

2ケタの素数を小さい順に並べると，
　　11, 13, 17, 19, ……
初めの3個の和は，11＋13＋17＝41

　　　　　　　　　　　答え　41

問題

3 ★★★

64 の約数は全部で □ 個です。

（羽衣学園）

4 ★★★

84 の約数の個数は □ 個です。

（千葉明徳・2回）

解答

3 約数の個数

64 を素因数分解した形から考えると，簡単に数えられるぞ．

64 を素因数分解すると，
64＝2×2×2×2×2×2
64 は 2 を 6 個かけた数ですから，約数は 2 を何個かかけた数になります．その個数は 0 から 6 まで考えられるので，約数の個数は 7 個です．

答え　7

4 約数の個数

84 を 1 から順に割っていこう．商が整数となるとき，割る数と商が約数になるよ．

次のように，割る数と商をペアで考えましょう．

| 1 | 2 | 3 | 4 | 6 | 7 |
| 84 | 42 | 28 | 21 | 14 | 12 |

全部で約数は 12 個です．

答え　12

別解　素因数分解すると，84＝2×2×3×7
となります．2 が 2 個，3 が 1 個，7 が 1 個です．
ですから，84 の約数を素因数分解すると，2 が 0〜2 個，3 が 0 個か 1 個，7 が 0 個か 1 個になります．
2 について 2＋1＝3(通り)，3 について 1＋1＝2(通り)，
7 について 1＋1＝2(通り)ですから，約数の個数は，
(2＋1)×(1＋1)×(1＋1)＝3×2×2＝12(個)

問題

5 ★★★

10 から 50 までのうち，約数が全部で奇数個ある整数は ☐ 個あります．

（京都女子・B）

6 ★★☆

72 の約数の和は ☐ です．

（西武台新座・2回特進）

解　答

5 平方数の性質

約数の個数が奇数になるのは，同じ数をかけてできる数（例えば，3×3＝9, 6×6＝36 など）だな．
例えば，36 の場合，
1　2　3　4　6
36　18　12　9
と 9 個あります．

10 から 50 の間にある，同じ数をかけてできる数は，
4×4＝16, 5×5＝25, 6×6＝36, 7×7＝49
の 4 個です．

答え　　4

6 約数の和

書き並べて足そう．書き出すときは，割る数と商をペアで書き出すよ．

ペアにして書き出すと，
1　2　3　4　6　8
72　36　24　18　12　9
これらを足して
1＋2＋3＋4＋6＋8＋9＋12＋18＋24＋36＋72＝195

答え　　195

問題

7 ★★★

　整数 A を 128 で割った値と，8 を A で割った値を割った値が等しくなりました．A は □ です．

（白陵）

8 ★★★

　A，B は，24×A＝B×B となる最も小さな整数です．このとき，B＝□ です．

（女子聖学院）

解　答

7 同じ数をかけた数

$\dfrac{A}{B}=\dfrac{C}{D}$ のとき，A×D＝B×C であることを用いよう．

$\dfrac{A}{128}=\dfrac{8}{A}$ なので，A×A＝128×8

ここで，
　128×8＝(2×2×2×2×2×2×2)×(2×2×2)
　　　　＝(2×2×2×2×2)×(2×2×2×2×2)

よって，A＝2×2×2×2×2＝32

答え　　　**32**

8 素因数分解の利用

同じ数をかけた数を，素因数分解すると，素因数の個数は偶数になるよ．
例えば，
　(2×2×3×7)×(2×2×3×7)
　＝2×2×2×2×3×3×7×7

24＝2×2×2×3 ですから，条件式は，
　2×2×2×3×A＝B×B

　右辺は同じ数をかけているので，素因数分解したときの素因数の個数は偶数です．左辺で分かっているのは，2 の個数が 3 個，3 の個数が 1 個なので，A をかけて，2 が 4 個，3 が 2 個となれば O.K. です．A＝2×3 のとき，左辺で 2 が 4 個，3 が 2 個となります．
　したがって，A＝2×3＝6，B＝2×2×3＝12

答え　　　**12**

問題

9 ★★★

126□1 が 9 で割り切れるとき，□(十の位)にあてはまる数を答えなさい．

(桐蔭学園)

10 ★★★

千の位が 2，十の位が 3 である 4 けたの数のうち，9 の倍数は何個ありますか．

(立教新座・2回)

解答

9　9の倍数の見分け方

各ケタの数の和が 9 の倍数になる数が，9 の倍数だよ．

各ケタの数の和は，$1+2+6+□+1=10+□$
これが 9 の倍数になるためには，□$=8$

答え　8

10　9の倍数の見分け方

9 の倍数は，各桁の数の和が 9 の倍数になってるよ．

百の位を a，一の位を b とすると，
$$2+a+3+b=a+b+5$$
は 9 の倍数になります．
したがって，
$a+b=4$ 　または　 $a+b=13$
になります．

$a+b=4$ のとき
　$(a, b)=(0, 4), (1, 3), (2, 2),$
　　　　　$(3, 1), (4, 0)$

$a+b=13$ のとき
　$(a, b)=(4, 9), (5, 8), (6, 7),$
　　　　　$(7, 6), (8, 5), (9, 4)$

したがって，全部で 11 個です．

答え　11 個

問題

11 ★★★

162, 252 の最大公約数は ☐ です.

（佼成学園女子）

12 ★★★

60 と 90 の公約数は全部でいくつありますか.

（桜美林・午後）

解答

11 最大公約数の求め方

最大公約数は，すだれ算で左に書かれた数をかけて求めるぞ.

右図のように，2 つの数を共通な約数で割っていきます．これ以上割り切れなくなったとき，左側の数をかけ合わせて，

最大公約数は，2×3×3＝18

```
2) 162 252
3)  81 126
3)  27  42
     9  14
```

答え　18

注　共通な約数は素数でなくともかまいません．

12 公約数の求め方

60 と 90 の公約数は，60 と 90 の最大公約数の約数であ〜る.

60 と 90 の最大公約数は，右のように計算して，
　2×3×5＝30
です．30 の約数を書き出すと，
　　1　2　3　5
　　30　15　10　6
60 と 90 の公約数は，全部で 8 個です．

```
2) 60 90
3) 30 45
5) 10 15
    2  3
```

答え　8 個

25

問題

13 ★★★

54 と 180 の公約数のすべての和は ☐ です．

（大谷（大阪））

14 ★★★

2 つの整数 60 と 135 の最小公倍数を求めなさい．

（富士見丘・ウィル）

解答

13 公約数の求め方

公約数は，最大公約数の約数であ〜る．

54 と 180 の最大公約数は，
2×3×3＝18
18 の約数は，
1　2　3
18　9　6
これらを足すと，1＋2＋3＋6＋9＋18＝39

```
2 ) 54  180
3 ) 27   90
3 )  9   30
     3   10
```

答え　39

14 最小公倍数の求め方

最小公倍数は，すだれ算で左に書かれた数と下の段に書かれた数をかけるよ．

すだれ算で求めます．

```
3 ) 60  135
5 ) 20   45
     4    9  →3×5×4×9＝540
```

最小公倍数は，
3×5×4×9＝540

答え　540

問題

15 ★★★

336 と 140 の最大公約数は □，最小公倍数は □ です．

（大谷（大阪））

16 ★★★

12 と 14 と 18 の最小公倍数は □ です．

（甲南）

解答

15 最大公約数，最小公倍数

最大公約数，最小公倍数を求めるには，すだれ算を用いよう．

最大公約数は，
$2×2×7=28$
最小公倍数は，
$2×2×7×12×5=1680$

```
2 ) 336  140
2 ) 168   70
7 )  84   35
     12    5
```

答え　28，1680

16 最小公倍数の求め方

3数の最小公倍数を求めるすだれ算では，2数しか割り切れない場合でも割っていいよ．

3つの数の最小公倍数を求めるすだれ算では，2つの数だけに共通な約数であっても割っていきます．下の例では，6，9が3で割り切れるので，3で割ります．7は3で割り切れないのでそのまま下に下ろします．

```
2 ) 12  14  18
3 )  6   7   9
     2   7   3  → 2×3×2×7×3＝252
```

左に書かれた数と下の段に書かれた数をすべてかけて，最小公倍数は，
$2×3×2×7×3=252$

答え　252

27

問題

17 ★★★

ある数と 84 の最大公約数は 12 で，最小公倍数は1260 である．ある数は □ である．

（西南学院）

18 ★★★

2けたの整数が2つあり，最大公約数が8で，積が1536 になります．この2つの整数を求めなさい．

（西武学園文理）

解 答

17　2数を求める

最小公倍数を計算するときのことを考えよう．

ある数 □ と 84 の最小公倍数を求めるときの計算を考えます．

最小公倍数は，$12 \times 7 \times △$ と求まります．
$12 \times 7 \times △ = 1260$ なので，
$△ = 1260 \div 12 \div 7 = 15$
です．したがって，
$□ = △ \times 12 = 15 \times 12 = 180$

答え　180

18　2数を求める

2つの整数は 8 の倍数だね．'2けた' の条件は，最後に使うぞ．

求める整数を A，B とすると，これら2数の最大公約数が 8 であることから，$A = 8 \times a$，$B = 8 \times b$ と表せます．ただし，a と b は 1 以外に公約数を持ちません．
A と B の積が 1536 であることから，
$(8 \times a) \times (8 \times b) = 1536$
これより，$a \times b = 1536 \div (8 \times 8) = 24$
これを満たす a と b の組は，a が b より小さいとすると，a と b が 1 以外に公約数を持たないことも考えて，
$(a, b) = (1, 24), (3, 8)$
このそれぞれに対して，
$(A, B) = (8, 192), (24, 64)$
となるので，答えは，ともに 2 けたである 24 と 64 です．

答え　24，64

問題

19 ★★★

2つの整数 20，A の最小公倍数が 140 となるとき，考えられる A をすべて求めなさい．

（逗子開成）

20 ★★★

$\dfrac{23}{32}$ をかけても $\dfrac{11}{12}$ をかけても 2 けたの整数になる整数は ☐ です．

（奈良育英）

解答

19 最小公倍数から求める

 すだれ算の形を利用しよう．最大公約数は 20 の約数だぞ．

すだれ算のようすが
右のようになったとします． $g\,)\,\underline{20\ \ A}$
最大公約数を g とすると， $\qquad b\quad a$
最小公倍数は，$g\times b\times a$
　ここで，$g\times b=20$ なので，
最小公倍数は $20\times a$
　これが 140 なので，$a=140\div 20=7$
　g は 20 の約数なので，1，2，4，5，10，20 が考えられます．したがって，
　A＝$g\times 7$ は，7，14，28，35，70，140

答え　**7，14，28，35，70，140**

20 最小公倍数の利用

 分母が約分されて 1 になる，というのが条件の 1 つだよ．

求める整数を○とすると，○×$\dfrac{23}{32}$ と ○×$\dfrac{11}{12}$ …★
がともに整数になることから，○は 32 と 12 の公倍数です．
　32 と 12 の最小公倍数は 96 なので，
　　○＝96，96×2，96×3，96×4，…
となりますが，★がともに 2 けたの整数になるのは，
○＝96 のときだけです．

答え　**96**

問題

21 ★★★

$2\frac{11}{12}$ をかけても $2\frac{17}{30}$ をかけても整数になるような分数のうち，もっとも小さい分数はいくつですか．

（頌栄女子学院）

22 ★★★

$\frac{35}{99}$ で割っても，$\frac{60}{143}$ で割っても答えが整数になる分数の中で，最も小さい分数を求めなさい．

（日本大二）

解答

21 最大公約数・最小公倍数の利用

例えば，$\frac{12}{5}$ をかけて整数になる分数は，分母が12の約数で，分子が5の倍数になっているぞ．

$\frac{10}{3} \times \frac{12}{5} = 8$

倍数／約数

$2\frac{11}{12} = \frac{35}{12}$，$2\frac{17}{30} = \frac{77}{30}$ をかけて整数となる分数は，分母が35と77の公約数で，分子が12と30の公倍数です．分数の値は，分母が大きければ大きいほど，分子が小さければ小さいほど，小さくなります．ですから，問題の条件を満たす分数のうち，最小の分数は，分母が35と77の最大公約数7，分子が12と30の最小公倍数60です．

```
7 ) 35  77        2 ) 12  30
     5  11        3 )  6  15
                       2   5  → 2×3×2×5=60
```

から

$\frac{60}{7} = 8\frac{4}{7}$

答え　$8\frac{4}{7}$

22 最大公約数・最小公倍数の利用

$\frac{35}{99}$ も $\frac{60}{143}$ も既約分数だから，求める分数の分母分子と約分するしかない．

求める分数を $\frac{△}{□}$ とします．

$\frac{△}{□} \times \frac{99}{35}$，$\frac{△}{□} \times \frac{143}{60}$

を整数にするためには，35, 60 は，△と約分して1にならなければならず，△は35と60の公倍数です．

また，□は99, 143と約分して1にならなければならず，□は99と143の公約数です．このうち，分数の値を最小にするには，△として最小公倍数，□として最大公約数をとります．

35と60の最小公倍数は420なので，△=420

99と143の最大公約数は11なので，□=11

求める分数は，$\frac{△}{□} = \frac{420}{11} = 38\frac{2}{11}$

答え　$38\frac{2}{11}$

問題

23 ★★★

$\dfrac{75}{52}$ にかけても，$\dfrac{91}{120}$ で割っても整数になる分数で，100にもっとも近いものは $\dfrac{\Box}{15}$ です．

（金蘭千里）

24 ★★★

$\dfrac{1}{56}$ から $\dfrac{56}{56}$ までの分母が56である分数のうち，約分できるものは $\Box$ 個です．

（成立学園）

解 答

23 最大公約数・最小公倍数の利用

求める分数の分母が15と分かっているので，分子の数の性質を考えよう．

求める分数を $\dfrac{\Box}{15}$ とします．

$\dfrac{75}{52} \times \dfrac{\Box}{15} = \dfrac{5}{52} \times \Box$ と，

$\dfrac{\Box}{15} \div \dfrac{91}{120} = \Box \times \dfrac{8}{91}$

がともに整数になることから，$\Box$ は52と91の公倍数となります．52と91の最小公倍数は364なので，$\Box$ は364の倍数です．

ここで，$\dfrac{\Box}{15}$ の値を100に近づけるには，$\Box$ を1500に近づければよいので，

…，$364 \times 4 = 1456$，$364 \times 5 = 1820$，…

から，$\Box = 1456$ とわかります．

答え　**1456**

24 ベン図の利用

1～56の数で，2または7で割り切れる数を探すぞ．

56を素因数分解すると，$2 \times 2 \times 2 \times 7$ となります．ですから，分母が56の分数は，分子が2で割り切れるか，または7で割り切れるときに約分することができます（この中には，2，7の両方で割り切れる数も含まれます）．

1から56までの数のうち，2または7で割り切れる数を数え上げます．これを数え上げるためには，右のようなベン図を描いて考えます．

1から56までの2で割り切れる数は，$56 \div 2 = 28$（個）

7で割り切れる数は，$56 \div 7 = 8$（個）あります．

2でも7でも割り切れる数は，14の倍数ですから，2でも7でも割り切れる数は，$56 \div 14 = 4$（個）あります．

したがって，答えは，1から56までの2または7で割り切れる数の個数に等しく，$28 + 8 - 4 = 32$（個）です．

答え　**32**

31

問題

25 ★★★

あめ72個とみかん54個とりんご48個を余りが出ないように，それぞれ同じ数ずつ，できるだけ多くの人に分けるとすると，□人に分けられます。

（帝京・2回）

26 ★★★

同じ大きさの立方体を組み合わせて，たて12cm，横24cm，高さ30cmの直方体を作ります。できるだけ大きな立方体を使うとき，立方体は何個必要ですか。

（桜美林・2月3日）

解答

25 最大公約数の利用

分ける人数は，3つの数の最大公約数になるぞ。

分ける人数を□人とします。余りが出ないように分けるので，□は72，54，48の公約数になります。「できるだけ多くの」とあるので，□は72，54，48の最大公約数です。

右上のようにすだれ算で計算して，最大公約数を求めます。

3つの数の最大公約数を求めるときは，3つの共通な約数がなくなったところで止めます。

答えは，2×3＝6(人)

```
2 ) 72  54  48
3 ) 36  27  24
    12   9   8
```

答え　6

26 最大公約数の利用

12，24，30は，立方体の1辺の長さで割り切れるぞ。できるだけ大きく1辺を取るには，立方体の1辺を12，24，30の最大公約数にとればいいよ。

```
2 ) 12  24  30
3 )  6  12  15
     2   4   5
```

12，24，30の最大公約数は，2×3＝6です。

したがって，1辺が6cmの立方体を使うとき，直方体のたて，横，高さに並ぶ立方体の個数は，

12÷6＝2(個)，24÷6＝4(個)，30÷6＝5(個)

です。したがって，立方体の個数は，

2×4×5＝40(個)

答え　40個

問題

27 ★★★

縦 12cm，横 30cm の長方形の紙を，すきまなく並べて正方形をつくるとき，1番小さい正方形の辺の長さは□cmです．

（聖学院）

28 ★★★

同じ大きさの正方形を何個か並べて長方形を作ると，面積が 135cm² や 252cm² の長方形ができました．このような正方形のなかで一番大きい正方形の1辺の長さは□ cm です．ただし，正方形の面積は整数（cm²）であるものとします．

（富士見・2回）

解　答

27 最小公倍数の利用

正方形の1辺の長さは，縦，横の長さの倍数になっているよ．

できた正方形の辺の長さは，12 と 30 の公倍数です．このうち，最小のものは，12 と 30 の最小公倍数の 60 なので，答えは 60cm．

```
6 ) 12  30
      2   5
```

答え　**60**

28 最大公約数の利用

2つの長方形の面積は，正方形の面積の'倍数'になっているよ．

正方形1個の面積を Acm² とすると，一番大きい正方形を求めるのですから，A は 135 と 252 の公約数のうち，なるべく大きい平方数（同じ数を2個かけた数）です．

右のすだれ算より，135 と 252 の最大公約数は 3×3 で，これは平方数でもあるので，答えは 3cm です．

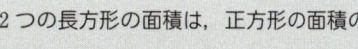

答え　**3**

問題

29 ★★★

　ある駅を電車は 18 分ごとに，バスは 26 分ごとに発車します．午後 1 時 30 分に電車とバスが駅を同時に出発しました．次に駅を同時に出発するのは午後□時□分です．

（日本大豊山女子・2 回）

30 ★★★

　直線の道路の端から端まで等間隔に，16 個の赤い印をつけます．同様に 25 個の青い印も等間隔につけます．ただし，赤い印も青い印も道路の両端には必ずつけます．赤い印と青い印が重なる場所は何ヵ所ありますか．

（大谷（大阪）・2 次 B）

解答

29　最小公倍数の利用

18 と 26 の最小公倍数を求めることになるぞ．

　午後 1 時 30 分から数えて，電車は 18 の倍数分後，バスは 26 の倍数分後に駅を出発するので，同時に出発するのは 18 と 26 の公倍数分後となります．18 と 26 の最小公倍数が 234 なので，次に同時に出発するのは，

$$2\ )\underline{\ 18\quad 26\ }$$
$$9\quad 13$$
$$2\times 9\times 13=234$$

$234\div 60=3\dfrac{54}{60}\to 3$ 時間 54 分後です．

午後 1 時 30 分 + 3 時間 54 分 = 午後 5 時間 24 分

　　　　　　　　　　答え　　**5，24**

30　最大公約数の利用

3 は 15 の約数になっているので，道路の端から端までを 3 等分する点は，15 等分する点の中に含まれているよ．

　道路の端から端までが，赤い印によって（16−1＝）15 等分，青い印によって（25−1＝）24 等分されます．
　15 と 24 の最大公約数は 3 なので，道路の両端も含めて，道路を 3 等分する点が，赤い印と青い印が重なる場所になります．
　よって答えは，3＋1＝4（ヵ所）

　　　　　　　　　　答え　　**4 ヵ所**

問題

31 ★★★

正方形の白い台紙に，たて 8cm，横 13cm の写真をはじからはじまでぴったりはっていきます．上下，左右とも写真の間かくは 1cm とることにして，正方形の台紙はなるべく小さくしたいと思います．1 辺何 cm の台紙を用意すればよいですか．

（立正）

32 ★★★

たて 12cm，よこ 8cm，高さ 18cm の積み木が合計 10000 個あります．これらの積み木を同じ方向にすき間なく並べて，なるべく大きな 1 つの立方体をつくるとき，その立方体の 1 辺の長さは □ cm になります．ただし，使わない積み木があってもよいとします．

（春日部共栄・2 回）

解答

31　最小公倍数の利用

台紙の 1 辺の長さを A とすると，A+1 は，9 の倍数であり，14 の倍数です．

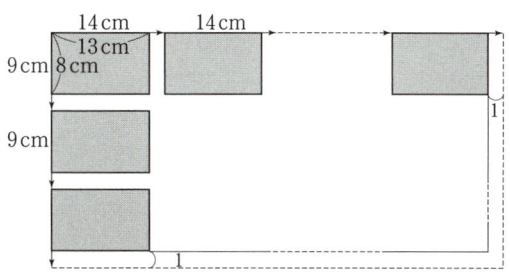

正方形の 1 辺の長さに，すきまの 1 を足した長さは，たての長さとすきまの長さの和（8+1＝）9 の倍数になります．同じようにして，横は（13+1＝）14 の倍数になります．

9 と 14 の最小公倍数は 126 なので，求める正方形の 1 辺の長さは，126－1＝125（cm）

答え　**125 cm**

32　最小公倍数の利用

なるべく小さな立方体を作ってから，それらを並べて大きな立方体を作っていくと考えよう．

作られる立方体の 1 辺の長さは，12 の倍数でも，8 の倍数でも，18 の倍数でもあるので，12，8，18 の公倍数になります．12，8，18 の最小公倍数は，72 です．

1 辺が 72 のとき，用いる立方体の個数は，(72÷12)×(72÷8)×(72÷18)＝6×9×4＝216（個）

1 辺が 72×2＝144 のとき，用いる立方体の個数は，216 の（2×2×2＝）8 倍の 1728 個となります．

1 辺が 72×3＝216 のとき，用いる立方体の個数は，216 の（3×3×3＝）27 倍の 5832 個となります．

1 辺が 72×4＝288 のとき，用いる立方体の個数は，216 の（4×4×4＝）64 倍の 13824 個となり，10000 個を超えてしまいます．

答え　**216**

問　題

33 ★★★

127 を割ると 7 余る整数は □ 個あります．

（同志社）

34 ★★★

ある数で 110 を割れば 5 あまり，82 を割れば 7 あまります．ある数はいくつですか．

（桜美林・2 月 3 日）

解　答

33　余りと約数

127 をある数で割って 7 余るということは，127－7＝120 であれば，ちょうど割り切れるということだよ．

127÷△＝○　余り 7
△×○＝127－7＝120

となり，割る数△は 120 の約数です．また，△は，余りの 7 よりも大きくなります．120 の約数は，

　　1，　2，　3，　4，　5，　6，　8，　10，
　120，60，40，30，24，20，15，12

これらのうち 7 より大きい整数は，10 個です．

答え　10

34　余りと最大公約数

110 をある数で割って 5 余るということは，110－5＝105 をある数で割ると，ちょうど割り切れるということだよ．

ある数で，110－5＝105 や 82－7＝75 を割ると，ちょうど割り切れます．ある数は，105 と 75 の公約数です．105 と 75 の最大公約数は 15 ですから，ある数は 15 の約数です．

15 の約数は，1，3，5，15 の 4 通りありますが，余りが 5 や 7 なので，ある数は，これより大きい数であり，15 です．

答え　15

問題

35 ★★★

40，58，85 をある整数で割ると，余りは同じになります．ある数をすべて求めなさい．ただし，余りは1以上であるとします．

（埼玉栄・3回）

36 ★★★

3けたの整数 A を 2 けたの整数 B で割ると余りが 55 になります．また，A と B の和は 351 です．このとき，A ＝ □，B ＝ □ です．

（奈良学園・C）

解答

35 余りと最大公約数

割る数は，85－58＝27，58－40＝18 の公約数になるぞ．

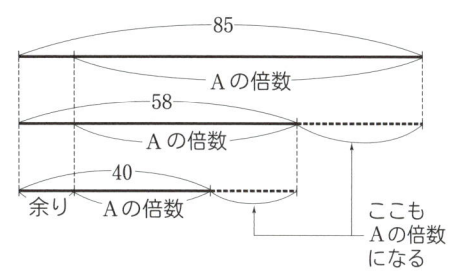

2 数のそれぞれを，ある数 A で割って余りが等しくなるとき，2 数の差はある数 A で割り切れます．つまり，2 数の差は，ある数 A の倍数になります．

したがって，40，58，85 をある数 A で割って余りが等しくなるとき，58－40＝18，85－58＝27 は A で割り切れます．A は，18 と 27 の公約数になります．18 と 27 の最大公約数が 9 なので，18 と 27 の公約数は，最大公約数 9 の約数である 1，3，9 です．答えは 1 を除き，3 と 9．

答え　3，9

36 余りのある割り算

A を B によって表してみよう．分配法則より，B がある数の約数になるぞ．

線分図より，

A＋B＝B×△＋55＋B×1＝B×(△＋1)＋55

A＋B＝351 なので，

B×(△＋1)＋55＝351

B×(△＋1)＝351－55＝296

となり，296 が B の倍数とわかります．B は 296 の約数です．296 の約数は，

1，2，4，8，
296，148，74，37

B で割った余りが 55 になるので，B は 55 より大きい 2 けたの整数です．よって，B＝74 です．

A＝351－74＝277

答え　277，74

問題

37 ★★★

100 から 200 までの整数のうち，8 で割り切れるものはいくつありますか．

(聖徳大附取手聖徳女子)

38 ★★★

3 でも 4 でも割り切れる整数の中で 200 に一番近い整数は何ですか．

(聖徳大附取手聖徳女子)

解答

37 倍数を考える

1 から 200 までにある個数から，1 から 99 までにある個数の差を考えよう．

1 から 200 までの中にある 8 の倍数は，
200÷8＝25 より，25 個

1 から 99 までの中にある 8 の倍数は，
99÷8＝12 余り 3 より，12 個

よって，100 から 200 までには，8 の倍数は，
25－12＝13(個)あります．

答え　13

注　横着をして，
　(200－99)÷8＝12 余り 5 から 12 個
としてはいけません．

38 倍数を見つける

3 でも 4 でも割り切れる整数は，3 と 4 の最小公倍数 12 の倍数だ．

3 でも 4 でも割り切れる整数は，3 と 4 の最小公倍数 12 の倍数です．

200÷12＝16 余り 8 から，
　12×16＝192　12×17＝204
となるので，204 が一番近い数です．

答え　204

問題

39 ★★★

12で割っても，18で割っても，7あまる整数のうち，500に最も近い数は何ですか．

（跡見学園・3回）

40 ★★★

6で割っても8で割っても5余る整数の中で，3けたの整数はぜんぶで何個あるか．

（熊本マリスト学園）

解答

39 数を見つける

12でも18でも割り切れる数は，12と18の最小公倍数で割り切れるよ．

12と18の最小公倍数は36です．
12でも18でも割り切れる数は，36で割り切れる数です．
12で割っても，18で割っても7余る整数は，36で割って7余る整数です．
500÷36＝13 余り32 ですから，商が13になる整数と商が14になる整数を調べます．
　　36×13＋7＝475，36×14＋7＝511
2つのうち，500に近いのは511です．

答え　511

40 係数を考える

6で割っても8で割っても5余る数は，24で割って5余る数だ．

6と8の最小公倍数は24です．6で割っても8で割っても5余る数は，24で割って5余る数です．
　999÷24＝41 余り15　　99÷24＝4 余り3
題意を満たす3けたの数は，
24×4＋5 から 24×41＋5 までなので，全部で，
　　41－4＋1＝38（個）

答え　38（個）

問題

41 ★★★

11 で割ると 4 余り，13 で割ると 6 余る最も小さい整数は □ です．

（麗沢・2回）

42 ★★★

12 で割ると 8 余り，15 で割ると 11 余り，18 で割ると 14 余る整数のうちで，900 にもっとも近い数を求めなさい．

（青雲）

解答

41 余りの条件

> 7 を足すと 11 でも 13 でも割り切れる数になるよ．

求める整数を A とします．
ここで，これに 7 を足した数 A+7 を，11 や 13 で割った余りを考えてみます．

A を 11 で割ると 4 余りますから，A+7 を 11 で割ると，4+7=11 となるので，ちょうど割り切れます．

同じようにして，A を 13 で割ると 6 余りますから，A+7 を 13 で割ると，6+7=13 となるので，ちょうど割り切れます．

したがって，A+7 は，11 でも 13 でも割り切れる数です．

このうち，最小のものは 11 と 13 の最小公倍数の 143（=11×13）です．

A+7=143 より，A=136 と求まります．

答え　136

42 余りの条件

> 割る数と余りの数の差に注目しよう．いくつ足したらよいかな．

問題の整数を A とすると，A+4 は，12, 15, 18 のいずれでも割り切れる数になります．

12, 15, 18 の最小公倍数は，右のように計算して，
　3×2×2×5×3=180
A+4 は 180 の倍数です．
ここで，900÷180=5

```
3 ) 12  15  18
2 )  4   5   6
     2   5   3
```

なので，900 にもっとも近い 180 の倍数は 900 です．
A+4=900 なので，A=900－4=896

答え　896

問題

43 ★★★

ある整数に 3 をたすと 5 で割り切れ，5 をたすと 3 で割り切れます．このような整数のうち 3 番目に小さいものは ☐ です．

（帝塚山・英数）

44 ★★★

0 より大きい整数のうち，5 で割ると 2 余る数と，7 で割ると 3 余る数を，2，3，7，10，… というように小さい順に並べました．100 番目の数を求めなさい．

（関西学院・B）

解答

43 余りの条件

5 で割り切れる整数に 5 を加えると？…やはり 5 で割り切れます．

「ある整数」を N とします．
（N＋3）は 5 で割り切れるので，
（N＋3）＋5＝（N＋8）も，5 で割り切れます．
一方，（N＋5）は 3 で割り切れるので，
（N＋5）＋3＝（N＋8）も，3 で割り切れます．
以上から，（N＋8）は，5 でも 3 でも割り切れるので，その最小公倍数 15 で割り切れます．
N は 15 の倍数より 8 少ないので，小さい方から順に，
　（15－8＝）7，（7＋15＝）22，（22＋15＝）37，…
となります．

答え　**37**

44 余りの条件

まずは，1 から 35 までを調べよう．そのあとは ＋35 してくり返しになるよ．

1 から 35 までの整数で，5 で割ると 2 余る数と，7 で割ると 3 余る数を書き上げると，
　2，3，7，10，12，17，22，24，27，31，32
となります．全部で 11 個あります．以下，36 から 70 までの整数の中に 11 個，71 から 105 までの中にも 11 個，…と続きます．
　100÷11＝9　余り 1
なので，

$\underbrace{\underbrace{1～35}_{11個}\underbrace{36～70}_{11個}……\underbrace{35×8+1～35×9}_{11個}}_{11×9個}$

100 番目の数は，35×9＋2＝317

答え　**317**

問題

45 ★★★

2けたの整数から1をひくと17で割り切れ，また，この整数を2倍して5をひくと11で割り切れます．このとき，この整数は□です．

（大阪星光学院）

46 ★★★

1から1000までの整数で，7の倍数でも11の倍数でもない整数は□個あります．

（帝塚山・2次A・特進）

解答

45 余りの条件

一方の条件を満たす数を，コツコツ書き並べよう．

求める数は，'(17の倍数)+1'ですが，2けたの整数では，

18，35，52，69，86

の5つしかありません．
これらを2倍して5を引くと，それぞれ，

31，65，99，133，167

となり，このうち11で割り切れるのは，99だけです．
よって答えは，52です．

答え　52

46 倍数を考える

集合を円とその重なりで示したものを，ベン図というよ．

1から1000までで，7の倍数は，

1000÷7＝142余り6

より，142個あります．
11の倍数は，

1000÷11＝90余り10

より，90個です．
右上のベン図の斜線部分は，7と11の最小公倍数77の倍数の個数で，

1000÷77＝12余り76

より，12個です．
7の倍数でも11の倍数でもない数は，図の灰色の部分で，1000－(142＋90－12)＝780(個)

答え　780

42

問題

47 ★★★

3けたの整数を19で割ったとき，商と余りが同じ数になりました．このような整数で小さいほうから3番目の数は□です．

(東京家政学院・2日)

48 ★★★

6で割ると3余る整数と，12で割ると7余る整数の和を6で割ると余りはいくつですか．

(共立女子)

解 答

47 余りの条件

19で割って，商と余りが同じになるような整数は，20の倍数になるよ．

Aを19で割った商がB，余りがBとします．すると，
A＝B×19＋B＝B×19＋B×1＝B×(19＋1)
　　＝B×20
となりますから，Aは20の倍数になります．

3けたの20の倍数は，小さい方から，
　　100, 120, 140, 160, ……
となりますから，小さい方から3番目は，140です．

答え　**140**

参考　19で割った余りは0から18までですから，19で割って，商と余りが等しくなる整数は，
　　0, 20, 40, 60, ……, 340, 360
と，全部で19個あります．380以降は，20の倍数でも商と余りが等しくなりません．

48 余りの計算

12が6の倍数であることを用いて，「6で割ると○余る」という言い方にそろえよう．

12で割ると7余る整数を線分図で表すと，上のようになるので，これを6で割ったときの余りは，1です．

したがって，「6で割ると3余る整数と，6で割ると1余る整数の和を6で割ったときの余り」を求めることになります．

よって答えは，(3＋1＝)4を6で割ったときの余りで，4です．

答え　**4**

問題

49 ★★★☆

2007＋2008×2009×2010－2011 を 7 で割ったときの余りを求めなさい．

（逗子開成）

50 ★★★

2011 と 2010 の積を 2009 で割ったときの余りを求めなさい．

（海城・2 回）

解答

49 余りの計算

余りだけを求めればいいときは，式に出てくる数を，それぞれの数の余りに置きかえてから計算してもいいんだよ．
たとえば 24＋33 を 7 で割った余りは

$$\begin{array}{c} 24+33 \\ \downarrow \quad \downarrow \\ 7\text{で割った}\to 3+5=8 \\ \text{余り} \quad\quad\quad \downarrow \\ \quad\quad\quad 1 \leftarrow 7\text{で割った余り} \end{array}$$

のように求められるんだよ．

置きかえて計算します．

$$\begin{array}{c} 2007+2008\times 2009\times 2010-2011 \\ \downarrow \quad \downarrow \quad\quad \downarrow \quad\quad \downarrow \quad\quad \downarrow \\ 5+6\times 0\times 1-2=3 \end{array}$$

よって，7 で割った余りは 3 です．

答え　**3**

50 余りの計算

余りだけを求めるときは，式に出てくる数を，余りに置きかえて計算すればいいんだよ．

2011, 2010 を，2009 で割った余りは，それぞれ 2, 1 ですから，答えは，2×1＝2 を 2009 で割った余りを求めて，2 となります．

答え　**2**

別解　2011＝2009＋2, 2010＝2009＋1 より，

$$\begin{aligned} 2011\times 2010 &= (2009+2)\times 2010 \\ &= 2009\times 2010+2\times 2010 \\ &= 2009\times 2010+2\times(2009+1) \\ &= \underline{2009\times 2010+2\times 2009}+2\times 1 \cdots\cdots ★ \end{aligned}$$

――線部は 2009 で割り切れるので，★を 2009 で割った余りは，2×1＝2 です．

問題

51 ★★★ □□

1から26までの整数をすべてかけたときの数について，一の位から0は連続して何個並びますか．

（関東学院六浦・C）

解 答

51

0の個数

'×2'と'×5'が一組になって，末尾に0が1つくっつくよ．

1から26までの整数をすべてかけた数をPとします．
Pの一の位から0が連続して何個並ぶかということは，Pが10(＝2×5)で何回割り切れるかということと同じです．Pが5で割り切れる回数は，2で割り切れる回数より明らかに少ないので，結局，Pが5で何回割り切れるかを求めればよいのです．

1から26までの整数のうち，
　5の倍数は，26÷5＝5　余り1より，5個．
　(5×5＝) 25の倍数は，
　　　　　　26÷25＝1　余り1より，1個．
よって，Pが5で割り切れる回数は，5＋1＝6(回)とわかるので，答えは，6個です．

答え　**6個**

問題

1 ★★★

2011年2月1日は火曜日です．2010年6月26日は何曜日でしたか．

（頌栄女子学院）

2 ★★★

2，4，6，8，2，4，6，8，…
のように2，4，6，8の4個の数がくり返し並んでいます．最初から50番目までをすべてたすと□になります．

（平安女学院・B）

解答

1 曜日の計算

日数を7で割って，余りの分だけ曜日をもどして数えよう．

2010年6月26日から，2011年2月1日までは，
（30−26+1）　+31　+31　+30　+31　+30　+31
　6月　　　7月　8月　9月　10月　11月　12月
+31　　+1　=221（日）
1月　　2月

221÷7=31　余り4

火曜日から，4日もどって，火，月，日，土

答え　土曜日

2 くり返し

「2，4，6，8」が，何回くり返すかを求めよう．

50÷4=12　余り2

なので，50番目までは，「2，4，6，8」が12回くり返され，後ろの2個は，「2，4」となります．

50番目までの和は，
（2+4+6+8）×12+2+4=246

答え　246

問題

3 ★★★

数字があるきまりにしたがって,

　　1, 4, 7, 10, 13, ……

と並んでいます．はじめの数から数えて50番目の数はいくつですか．

(富士見丘・ウィル)

4 ★★★

次のようにある決まりにしたがって, 数が並んでいます．

　　7, 10, 13, 16, 19, 22, ……

1番目の数から14番目の数までの和はいくつですか．

(東京家政大附女子・3回)

解 答

3 等差数列

となりの数との差が等しい数列を, 等差数列というよ. 等差数列の □ 番目の数は,

(初めの数)+(□−1)×(となりとの差)

となりの数との差を調べてみると,

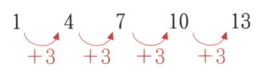

1, 4, 7, 10, 13
　+3 +3 +3 +3

となりの数との差は3です．50番目の数は,

$1+(50-1)\times 3=148$

答え　**148**

4 等差数列の和

(等差数列の和)
　＝{(初めの数)+(終わりの数)}
　　　×(数の個数)÷2

となりの数との差を調べて,

7, 10, 13, 16, 19, 22
　+3 +3 +3 +3 +3

この数列は, となりの数との差が3の等差数列です．14番目の数は, 3 で紹介した公式を用いて,

$7+(14-1)\times 3=46$

上の公式を用いて,

$(7+46)\times 14\div 2=371$

答え　**371**

問題

5 ★★★

ある規則にしたがって，数が並んでいます．21番目の数は何ですか．

3，4，6，9，13，18，24，……

(成立学園・2回)

6 ★★★

あるきまりにしたがって，

1，4，9，16，25，……

と数が並んでいます．484は☐番目の数です．

(帝京)

解答

5 差に着目

となりの数との差を取って，規則を見つけよう．

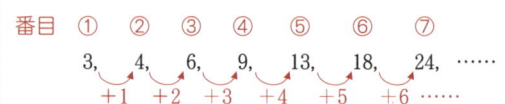

番目	①	②	③	④	⑤	⑥	⑦
	3	4	6	9	13	18	24 ……
	+1	+2	+3	+4	+5	+6 ……

と，となりの数との差は，1ずつ大きくなります．

21番目までには，3に，1から始めて20までの数を足します．

したがって，答えは，

3+(1+2+3+4+……+19+20)

と表されます．

カッコの中は，等差数列の和の公式を用いて，

3+(1+20)×20÷2=213

答え　213

―等差数列の和の公式―
(等差数列の和)
={(初めの数)+(終わりの数)}×(数の個数)÷2

6 平方数

ニニンガ四，サザンガ九，シシ十六．同じ数をかけた数に，慣れておこう．

番目	①	②	③	④	⑤
	1	4	9	16	25
	‖	‖	‖	‖	‖
	1×1	2×2	3×3	4×4	5×5

というように，この数列は同じ数どうしの積からなっています．

400=20×20なので，21×21=441，22×22=484と計算して，484が22どうしの積であることを見つけます．

これから，484は22番目の数です．

答え　22

問題

7 ★★★

次のように，ある規則にしたがって数が並んでいます．

$$2,\ 6,\ 12,\ 20,\ 30,\ \cdots\cdots$$

このとき，はじめから数えて 10 番目の数は □ です．

(東京農大三高附・4回)

8 ★★★

$$\frac{1}{36},\ \frac{1}{18},\ \frac{1}{12},\ \frac{1}{9},\ \square,\ \frac{1}{6},\ \frac{7}{36},\ \cdots$$

これらの数はある法則にしたがって並んでいます．

(千葉日本大一・3期)

解 答

7 差に着目

となりの数との差を取って，規則を見つけよう．

番目	①	②	③	④	⑤
	2	6	12	20	30

差：+4, +6, +8, +10

と数列の項は偶数を小さい順に足して得られます．10番目の数は 9 番目の数に 20 を足した数です．10番目の数は，2 に，4 から 20 までの偶数を足します．

$$2+4+6+\cdots+20=(2+20)\times 10\div 2=110$$

答え 110

別解

番目	①	②	③	④	⑤
	2	6	12	20	30
	‖	‖	‖	‖	‖
	1×2	2×3	3×4	4×5	5×6

となるので，10 番目の数は $10\times 11=110$

8 分数の数列

分母を 36 で，そろえてみよう．

36 で通分すると，

$$\frac{1}{36},\ \frac{2}{36},\ \frac{3}{36},\ \frac{4}{36},\ \square,\ \frac{6}{36},\ \frac{7}{36}$$

したがって，$\square=\dfrac{5}{36}$

答え $\dfrac{5}{36}$

別解 となりの数との差をとると $\dfrac{1}{36}$ なので，

$$\square=\frac{1}{9}+\frac{1}{36}=\frac{5}{36}$$

問題

9 ★★☆

次の数列の空らんに当てはまる数を求めなさい．

ア, 1, 3, 9, イ, 81

（昭和薬科大附）

10 ★★★

1, 3, 7, 15, 31, ☐, 127, ……

これらの数はある規則にしたがって並んでいます．

（千葉日本大一）

解 答

9 等比数列

となりの数との比を取ってみよう．比が1:3で一定だよ．このような数列を，等比数列というよ．

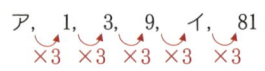

ア, 1, 3, 9, イ, 81
　×3 ×3 ×3 ×3 ×3

前の数を3倍すると次の数になります．

ア $= 1 \div 3 = \dfrac{1}{3}$，イ $= 9 \times 3 = 27$

答え　ア…$\dfrac{1}{3}$，イ…27

10 等比数列の応用

となりの数との差を取ってみよう．差が2倍ずつになっているよ．

1, 3, 7, 15, 31, ☐, 127, ……
　+2 +4 +8 +16
　×2 ×2 ×2

差が2倍ずつ大きくなっています．

☐ $= 31 + 16 \times 2 = 63$

（たしかめ）　$63 + 32 \times 2 = 127$

答え　63

別解　番目
① $1 = 2 - 1$
② $3 = 2 \times 2 - 1$
③ $7 = 2 \times 2 \times 2 - 1$
④ $15 = 2 \times 2 \times 2 \times 2 - 1$
⑤ $31 = 2 \times 2 \times 2 \times 2 \times 2 - 1$

となるので，6番目の数は
$2 \times 2 \times 2 \times 2 \times 2 \times 2 - 1 = 63$

問 題

11 ★★★

次の数はある規則にしたがって並んでいます．

$$10,\ 17,\ 31,\ 59,\ 115,\ \cdots$$

このとき，10番目の数はいくつですか．

（明星（東京）・2回）

解 答

11 差に着目

となりの数との差を取ってみると，規則性が見えてくるよ．

となりの数との差を取ると，下のようになります．

10　17　31　59　115　…
　+7　+14　+28　+56

$7=7×1$, $14=7×2$, $28=7×4=7×2×2$,
$56=7×8=7×2×2×2$

となっているので，10番目の数は，

$10+7×(1+2+4+8+16+32+64+128+256)$
$=10+7×511=3587$

答え　**3587**

別解　前の数を2倍して3を引くと次の数になります．
これを用いると，6番目以降は，

$115×2-3=227$, $227×2-3=451$,
$451×2-3=899$, $899×2-3=1795$,
$1795×2-3=3587$（←10番目）

12 ★★★

次の数はある規則にしたがって並んでいます．

$$1,\ 1,\ 2,\ 6,\ 24,\ 120,\ \boxed{},\ \cdots\cdots$$

（聖徳大附取手聖徳女子）

12 比に着目

となりの数との比を取ってみよう．倍率が1ずつ増えていくよ．

1,　1,　2,　6,　24,　120,　□,　……
　×1　×2　×3　×4　×5

かける数が順次大きくなっていくので，
$120×6=720$

答え　**720**

問題

13 ★★★

6, 3, □, $\dfrac{1}{4}$, $\dfrac{1}{20}$, …

はある規則で並んでいます．

（清泉女学院）

14 ★★☆

次のように，ある規則にしたがって数が並んでいます．ア，イに当てはまる数を答えなさい．

1, 1, 2, 3, 5, ア, 13, イ, 34

（天理）

解答

13 比に着目

つぎつぎ，どんな数で割っているかを考えよう．

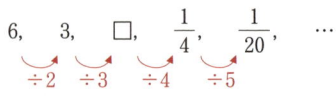

6, 3, □, $\dfrac{1}{4}$, $\dfrac{1}{20}$, …
　÷2　÷3　÷4　÷5

と考えればぴったり合います．

つぎつぎ，2, 3, 4, 5, … で割っているのです．

答えは，3÷3＝1

答え　**1**

14 フィボナッチ数列

（ある数）＝（前の前の数）＋（前の数）

が成り立っているよ．

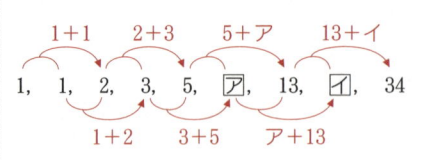

　　1+1　2+3　5+ア　13+イ
1, 1, 2, 3, 5, ア, 13, イ, 34
　　1+2　3+5　ア+13

ア＝3+5＝8，イ＝8+13＝21

答え　ア＝**8**，イ＝**21**

問題

15 ★★★

3で割っても4で割っても2余る2けたの整数をすべてたすといくつになりますか．

（星野学園・2回）

16 ★★★

9で割ったら商と余りが等しくなるような整数をすべてたすと □ になります．

（開智未来・2回）

解答

15 等差数列の和

余りが等しい数を順に書き並べると，等差数列になるよ．

3と4の最小公倍数が12ですから，3で割っても4で割っても2余る整数は，12で割って2余る整数です．
このような2けたの数を小さい方から書き並べると，
　　14, 26, 38, 50, 62, 74, 86, 98, 110, ………
となります．これらは等差数列になりますから，等差数列の和の公式を用いて，
　　(14+98)×8÷2=448

答え　**448**

―― 等差数列の和の公式 ――
（等差数列の和）
　＝｛（初めの数）＋（終わりの数）｝×（数の個数）÷2

16 等差数列の和

9で割った余りは最大で8です．全部で8個の数があるよ．

9で割って，商が□，余りが□の数は，
9×□＋□＝9×□＋1×□＝(9+1)×□＝10×□
となるので，9で割って商と余りが等しくなるような整数は10の倍数になります．
　商1，余り1の数は，9×1+1=10
　商2，余り2の数は，9×2+2=20
　　……
　商8，余り8の数は，9×8+8=80
9で割った余りは最大で8なので，これですべてです．
したがって，これらの数の和は，
　　10+20+30+…+80=(10+80)×8÷2=360

答え　**360**

問題

17 ★★★

ある規則にしたがって数が並んでいます。□にあてはまる数を求めなさい。

$$\frac{1}{2}, \frac{1}{3}, \frac{5}{6}, \frac{7}{6}, \square, \frac{19}{6},$$

$$\frac{31}{6}, \frac{25}{3}, \frac{27}{2}, \cdots$$

（立正・2回午後）

18 ★★★

$$1, \frac{4}{5}, \frac{3}{4}, \frac{\square}{11}, \frac{5}{7}, \frac{12}{17}, \cdots$$

は、あるきまりで数が並んでいます。

（大阪学芸中等教育・B）

解答

17 分数の数列，フィボナッチ数

分母を6にそろえると，分子は14で見かけた規則の数列だよ。

各分数の分母を6にそろえると，

$$\frac{3}{6}, \frac{2}{6}, \frac{5}{6}, \frac{7}{6}, \square, \frac{19}{6}, \frac{31}{6}, \frac{50}{6}, \frac{81}{6}, \cdots$$

となり，分子の並びは，

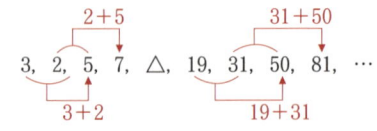

3, 2, 5, 7, △, 19, 31, 50, 81, …
（3+2, 2+5, 19+31, 31+50）

のように，次々に，前の2つの数の和が並びます。

よって答えは，$\frac{5+7}{6} = 2$

答え　2

18 分数の数列

分子と分母が等差数列になるように分母・分子を合わせよう。

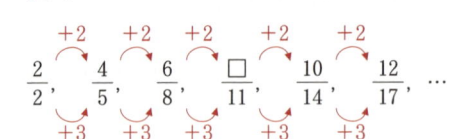

$$\frac{2}{2}, \frac{4}{5}, \frac{6}{8}, \frac{\square}{11}, \frac{10}{14}, \frac{12}{17}, \cdots$$

（分子 +2 ずつ，分母 +3 ずつ）

と書き直すと，分子は2ずつ増え，分母は3ずつ増えています。□=6+2=8

答え　8

問題

19 ★★★

次の数は，あるきまりにしたがって並んでいます．□にあてはまる数を求めなさい．

$$\frac{243}{2},\ \frac{81}{5},\ 3,\ \frac{9}{14},\ \boxed{},\ \frac{1}{27}$$

（安田女子・Ⅱ）

20 ★★★

あるきまりにしたがって，分数を下のように並べました．左から80番目の分数は何ですか．ただし，約分できる分数もそのままにしてあります．

$$\frac{1}{1},\ \frac{1}{2},\ \frac{2}{2},\ \frac{1}{3},\ \frac{2}{3},\ \frac{3}{3},$$
$$\frac{1}{4},\ \frac{2}{4},\ \frac{3}{4},\ \frac{4}{4},\ \cdots$$

（駒沢学園女子・午後）

解答

19 分数の数列

3番目の「3」は，約分したあとの形であることに注意しよう．

分子が243, 81, ○, 9と次の項が「÷3」になっていると予想されるので，○＝81÷3＝27．

$3=\dfrac{27}{9}$ として，初めの4数を見ると，

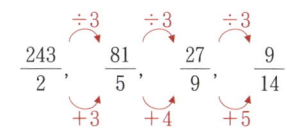

$$\frac{243}{2},\ \frac{81}{5},\ \frac{27}{9},\ \frac{9}{14}$$

（分子：÷3，÷3，÷3／分母：＋3，＋4，＋5）

分子はつぎつぎ3で割り，分母にはつぎつぎ3, 4, 5, … を加えていることがわかります．

すると，$\dfrac{9}{14}$ の次は，$\dfrac{9\div3}{14+6}=\dfrac{3}{20}$ で，その次は，

$\dfrac{3\div3}{20+7}=\dfrac{1}{27}$ となり，ぴったり合います．

よって答えは，$\dfrac{3}{20}$ です．

答え　$\dfrac{3}{20}$

20 群数列

同じ分母を持つ分数どうしをグループと見よう．

$$\underbrace{\frac{1}{1}}_{第1群}\ \Big|\ \underbrace{\frac{1}{2},\ \frac{2}{2}}_{第2群}\ \Big|\ \underbrace{\frac{1}{3},\ \frac{2}{3},\ \frac{3}{3}}_{第3群}\ \Big|\ \underbrace{\frac{1}{4},\ \frac{2}{4},\ \frac{3}{4},\ \frac{4}{4}}_{第4群}$$

分母が1の分数を第1群，2の分数を第2群，3の分数を第3群，… とします．群に含まれる分数の個数は，1, 2, 3, 4, … と順に増えていきます．

$$1+2+3+\cdots\cdots+12=(1+12)\times12\div2=78$$

ですから，第12群までで78個の分数が並びます．

80番目の分数は，第13群の（80－78＝）2番目の数です．

第13群の分数は，分母が13ですから，求める分数は，$\dfrac{2}{13}$．

答え　$\dfrac{2}{13}$

問題

21 ★★★

次のように整数を並べていきます．
　1，1，2，1，2，3，1，2，3，4，
　　　　　　　1，2，3，4，5，…
このとき，100番目の整数は□です．
　　　　　　　　　　　（カリタス女子・2回）

22 ★★★

次のような2つの数の組の列があります．
(4, 5)，(7, 8)，(10, 11)，(13, 14)，…

この列の中で，組の和が105になるのは第何組目ですか．
　　　　　　　　　　　（日本大三・2回）

解答

21 群数列

1の手前のところに区切りを入れて考えよう．

1の手前に区切りを入れると，
　1，｜ 1，2，｜ 1，2，3，｜ 1，2，3，4，
　　　｜ 1，2，3，4，5，｜ …
グループの中の数の個数は1個ずつ増えていきます．
　$1+2+3+\cdots+13=(1+13)\times 13\div 2=91$
　$1+2+3+\cdots+13+14=91+14=105$
なので，100番目の整数は，14番目の区切りの
$(100-91=)$ 9番目の数になります．これは9です．

　　　　　　　　　　答え　**9**

22 群数列

2数の和を計算し，となりの組との差をとって規則性を見つけよう．

(4, 5)，(7, 8)，(10, 11)，(13, 14)，…
和　　9　　　15　　　21　　　27
差　　　　+6　　　+6　　　+6

2数の和の数列は，初めの数が9，となりどうしの差が6の等差数列になっています．
9から6を足していき，105になるまでには，
　$(105-9)\div 6=16$（回）
足します．
　和が105になるのは，16+1=17（組目）です．

　　　　　　　　　　答え　**17組目**

問題

23 ★★★

2つの数の組が次のように並んでいます．
(1, 1), (1, 3), (2, 2), (3, 1),
(1, 5), (2, 4), (3, 3), (4, 2),
(5, 1), (1, 7), …

83番目の数の組は何ですか．

（淑徳与野）

24 ★★☆

次の数は，ある規則にしたがって並んでいます．

1, 1, 2, 3, 4, 4, 5, 6, 7, 7,
8, 9, 10, 10, 11, 12, ……

200は，初めから数えて□番目の数です．

（明治大付明治）

解答

23 群数列

> カッコの右の数が1になった直後で区切っていこう．

(1, 1), |
(1, 3), (2, 2), (3, 1), |
(1, 5), (2, 4), (3, 3), (4, 2), (5, 1), |
(1, 7), …

同じグループに含まれる数の組は，2数の和が等しくなります．グループに含まれる組の個数は，奇数を小さい順に並べたものになっています．第9群の最後までの組の個数は，

1＋3＋5＋……＋17＝81

第10群の最後までの組の個数は，

1＋3＋5＋……＋17＋19＝100

なので，83番目の組は，第10群の（83－81＝）2番目の数の組です．第10群にある組の数の和は10×2＝20です．83番目の数の組は，2と，20－2＝18です．

答え (2, 18)

24 群数列

> 2個ずつある，1, 4, 7, … の前で区切ろう．

1, 1, 2, 3, | 4, 4, 5, 6 |
                    ＋3
7, 7, 8, 9, | 10, 10, 11, 12 |
         ＋3

区切られた4個ずつの数のうち，初めの数は1, 4, 7, … と初めの数が1, となりの数との差が3の等差数列になっています．

区切りの初めの数が200に近い数を求めます．

200÷3＝66余り2なので，67組目を考えます．これは（1＋3×66＝）199, 199, 200, 201
で，200は67組目の3番目です．

200は，初めから数えて，4×66＋3＝267（番目）です．

答え 267

問題

25 ★★★

ある規則にしたがって数が並んでいます．

1, 1, 2, 1, 1, 2, 3, 2, 1, 1,
2, 3, 4, 3, 2, 1, ……

10 が 2 度目に出てくるのは ☐ 番目です．

（カリタス女子・3 回）

26 ★★★

○, ◎, △の 3 つの記号が次のようにある規則に従って並んでいます．

△◎○○△◎○○△◎○○…

111 個目までに，◎は ☐ 個並んでいます．

（帝京・4 回）

解答

25 群数列

1 が並ぶ場所に注目して，区切りを入れてみよう．

1, | 1, 2, 1, | 1, 2, 3, 2, 1, |
1, 2, 3, 4, 3, 2, 1 |

1 と 1 の間に区切りを入れてみて，1 個，3 個，5 個，… と奇数個ずつで群にします．□番目の群の真ん中の数が□です．

10 が初めて出てくるのは，第 10 群です．2 度目に出てくるのは，第 11 群の 10 番目です．

10 番目の奇数は 10×2−1＝19 です．

2 度目に出てくる 10 は，

(1＋3＋5＋…＋19)＋10
　＝(1＋19)×10÷2＋10＝110(番目)

答え　　110

26 記号の規則性

くり返し部分を見つけて，何回くり返したかを数えよう．

「△◎○○」の 4 個の記号がくり返しています．

111÷4＝27　余り 3 です．

「△◎○○」の中には，◎が 2 個，最後の 3 個の中には◎が 1 個ありますから，◎は全部で，

27×2＋1＝55(個)

答え　　55

問題

27 ★★★

下のように，あるきまりにしたがって白と黒のご石を並べました．全部で100個のご石を並べたとき，白のご石は何個ありますか．

〇〇●〇●〇〇〇●〇●〇〇〇
●〇●〇〇〇……

（茨城キリスト教学園・2回）

28 ★★★

下のように，白色と黒色のご石を，白色と白色のご石の間にある黒色のご石の数を1つずつ増やしながら，左から1列に並べていきます．

〇●〇●●〇●●●〇●●●●〇●……

左から数えて100番目までのご石の中には，黒色のご石が何個あるか答えなさい．

（浦和明の星女子）

解 答

27 ご石の規則性

●〇●が6個ごとに出てきているから，初めから6個で区切るよ．

「〇〇●〇●〇」がくり返されています．

  100÷6＝16　余り4

なので，100個までには，「〇〇●〇●〇」が16回くり返され，あと4個あります．

白のご石は1周期ごとに4個，あとには，3個ありますから，白いご石は全部で，

  4×16＋3＝67（個）

答え　67個

28 ご石の規則性

〇●と並んだご石の間に区切りを入れてみよう．

下のように，グループに含まれているご石の個数は1個，2個，3個，4個，5個，… と1個ずつ増えていきます．

〇｜●〇｜●●〇｜●●●〇｜●●●●〇｜●……

第13群までのご石の個数は，

  1＋2＋3＋4＋…＋13＝(1＋13)×13÷2＝91

第14群までのご石の個数は，

  1＋2＋3＋4＋…＋13＋14＝91＋14＝105

なので，左から数えて100番目は，第14群の途中（9番目）です．

各群の最後のご石が白色なので白色のご石は13個あり，黒色のご石は，

  100－13＝87（個）

答え　87個

問題

29 ★★★

あるきまりで，白玉と黒玉を並べました．あわせて 45 個並べたとき，白玉は全部で何個ありますか．

○●○○●●○○○●●●○○○○●●…

（和洋国府台女子・2回）

30 ★★★

下の図のように黒いご石と白いご石を交互に並べていきます．

30 段まで並べたときの黒いご石は合計 ☐ 個です．

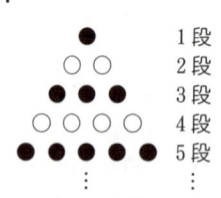

● 　　　　1段
○○ 　　　 2段
●●● 　　　3段
○○○○ 　　4段
●●●●● 　 5段
　⋮　　　　⋮

（明治学院・2回）

解 答

29 ご石の規則性

45個目の付近で，切りのいいところを見つけよう．

白玉，黒玉を順に，1個ずつ，2個ずつ，3個ずつ，4個ずつ，… と並べています．

$1+2+3+4+5+6=21$

より，白玉と黒玉をともに 6 個並べ終えたところで，玉は（$21\times 2=$）42 個並びます．

このあとには白玉が（$45-42=$）3 個並びます．

白玉の個数は全部で，$21+3=24$（個）

答え　24個

30 ご石の規則性

黒い碁石は奇数個です．奇数を小さい方から順に足していくよ．

黒い碁石の個数は奇数です．1段目から29段目までで，奇数の段は（$29+1$）$\div 2=15$（個）あります．

15個の奇数を足すと，

$1+3+\cdots+29=(1+29)\times 15\div 2=225$（個）

答え　225

別解　3段目まで足すと，$1+3=2\times 2(=4)$

5段目まで足すと，$1+3+5=3\times 3(=9)$

……

29段目まで足すと，$1+3+\cdots+29=15\times 15=225$

問題

31 ★★★

白丸と黒丸を下の図のように順に並べて，正方形を作りました．50番目まで作ったとき，50番目の図には白丸は全部でいくつありますか．

```
1番目   2番目   3番目   4番目
 ●      ●○     ●●○    ●●●○
         ●○    ●●○    ●●●○
                ●○○    ●●○○
                        ●○○○
```

（晃華学園・3回）

32 ★★★

7を2011個かけると，一の位の数は □ になります．

（高輪・B）

解答

31

加える丸の個数は，3, 5, 7, …と2個ずつ増えるぞ．白丸にかぎって言えば，3, 7, 11, …と4個ずつ増えるぞ．

50番目までで白丸が加わるのは，50÷2＝25（回）です．
加える白丸の個数は，
　　3, 7, 11, ……
と4ずつ増える等差数列なので，この数列の25番目の数を求めます．
　　3＋4×(25−1)＝99
ここまでの数を足すと，
　　(3＋99)×25÷2＝1275（個）

答え　　1275個

32　一の位のくり返し

一の位だけを調べていくと，周期が見つかるよ．

一の位だけを計算していきましょう．
7＝7　　　　　　　→ 7
7×7＝49　　　　　→ 9
7×7×7＝49×7　　→ 9×7＝63 より 3
7×7×7×7　　　　→ 3×7＝21 より 1
7×7×7×7×7　　→ 1×7＝7 より 7
というように一の位だけを追いかけていきます．
　　7, 9, 3, 1, 7, 9, 3, 1, 7, …
と7, 9, 3, 1をくり返します．
　2011÷4＝502　余り3
なので，周期の3番目の数で3です．

答え　　3

問題

33 ★★★

6を22個かけたとき，下2桁の数は□です．

（鎌倉学園・2次）

34 ★★★

6×7×9×6×7×9×… と規則的に50個の数字をかけ算したとき，一の位は□です．

（日本大二・2回）

解答

33 下2ケタのくり返し

同じ'下2桁'が現れたら，以降はくり返しになるよ．

積の下2桁を調べます．

6	→ 06
6×6＝36	→ 36
36×6＝216	→ 16
16×6＝96	→ 96
……	

積の下2桁の数は，下の表にまとめられます．

6の個数	1	2	3	4	5	6	7
下2桁の数	06	36	16	96	76	56	36

かける6の個数が6個を超えると，下2桁には36，16，96，76，56の5数がくり返し現れます．06は初めだけに現われることに注意しましょう．

(22−1)÷5＝4　余り1

より，6を22個かけたときの下2桁の数は，上のくり返しの1番目の，36です．

答え　**36**

34 一の位のくり返し

一の位だけを見て周期を見つけよう
（例；27×83の一の位は，7×3の一の位の1になるね）

「6×7×9」の一の位は，(6×7＝42，2×9＝18より) 8です．

「6×7×9」を2個，3個，4個，5個かけた数の一の位は，8×8＝64，4×8＝32，2×8＝16，6×8＝48より，それぞれ4，2，6，8となります．

よって，「6×7×9」を次々とかけたときの一の位は，8，4，2，6のくり返しになります．

50÷3＝16 余り2 より，50個目の数字は「6×7×9」を16個かけたあとの「6×7」の7です．

16÷4＝4 より，「6×7×9」を16個かけた数の一の位は6なので，答えは，6×6＝36，6×7＝42より，2です．

答え　**2**

問題

35 ★★★

$\dfrac{3}{7}$ を小数で表したときの小数第 2011 位の数を答えなさい．

（東海大付相模）

36 ★★★

すべての 2 けたの整数について，十の位の数字と一の位の数字をすべてたし合わせるといくつになりますか．

（豊島岡女子学園）

解 答

35 循環小数

計算していくとくり返しが現われるぞ．

$\dfrac{3}{7}=0.\underline{428571}4285\cdots$

となり，428571 がくり返し現われます．
2011÷6＝335　余り 1
なので，小数第 2011 位は，周期の 1 番目の数で 4 です．

答え　4

36 ケタの和

2 けたの整数には，数字の 1 が何回出てくるかを考えよう．

0 は初めから考えません．
　数字の 1 は一の位で，11，21，…，91 と 9 回出てきます．
　また，数字の 1 は十の位で，10，11，12，…，19 と 10 回出てきます．1 は，2 けたの整数のうちで，9＋10 回出てきます．
　これは，他の数字についても同じです．
　各数字は，19 回ずつ出てきますから，2 けたの整数に出てくるすべての数字の和は，
　　（1＋2＋3＋4＋5＋6＋7＋8＋9）×19＝45×19＝855

答え　855

問題

37 ★★★

図のように，異なる2種類のカードをあるきまりにしたがって並べ，1から順に数を表します．☐にあてはまる数を答えなさい．

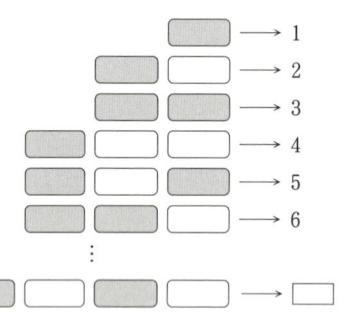

→ 1
→ 2
→ 3
→ 4
→ 5
→ 6
⋮
→ ☐

（東明館）

38 ★★★

下の図のように，ある決まりにしたがって整数を表しました．x はいくつですか．

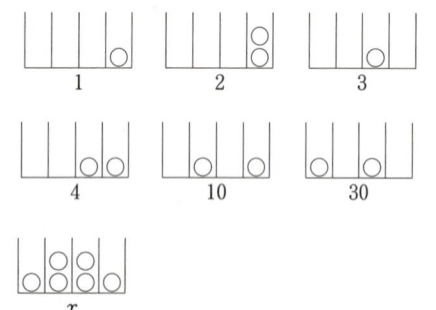

1　2　3
4　10　30

x

（芝浦工大柏）

解 答

37　2進法

グレーのカードは，おかれた位置によって，1, 2, 4, 8 を表しているぞ．

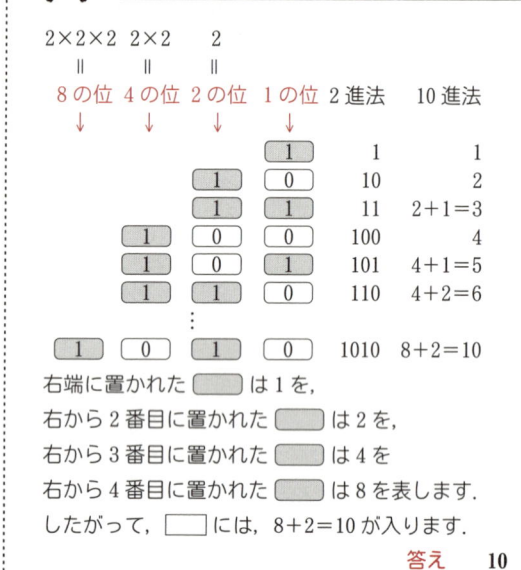

2×2×2	2×2	2	
‖	‖	‖	
8の位	4の位	2の位	1の位

8の位	4の位	2の位	1の位	2進法	10進法
			1	1	1
		1	0	10	2
		1	1	11	2+1=3
	1	0	0	100	4
	1	0	1	101	4+1=5
	1	1	0	110	4+2=6
⋮					
1	0	1	0	1010	8+2=10

右端に置かれた ☐ は 1 を，
右から2番目に置かれた ☐ は 2 を，
右から3番目に置かれた ☐ は 4 を
右から4番目に置かれた ☐ は 8 を表します．
したがって，☐ には，8+2=10 が入ります．

答え　10

38　n 進法

3進法の問題じゃ．例から，位取りをしよう．

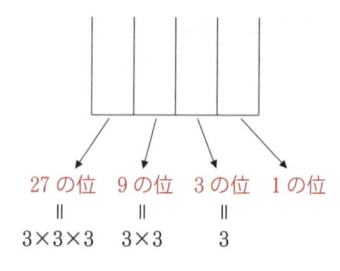

27の位	9の位	3の位	1の位
‖	‖	‖	
3×3×3	3×3	3	

上図のように位取りします．
図が表す数は，1221 です．
　$3×3×3×1+3×3×2+3×2+1$
$=27×1+9×2+3×2+1$
$=52$

答え　52

問題

39 ★★★

$5×5×5×\square+5×5×\square+5×\square+3=588$
（ただし，□の中に入る数字は，0，1，2，3，4のいずれかとする．）

（目黒星美学園・2回）

40 ★★★

等式

$$0.6875 = \frac{a}{2} + \frac{b}{4} + \frac{c}{8} + \frac{d}{16}$$

が成立するように，a, b, c, d に 1 または 0 を書き入れるとき，a, b, c, d の順に数字を並べると，$\boxed{}$ になります．

（青稜・2次B）

解答

39　n 進法

10進法の数を5で割り続け，余りを逆順に読むと，5進法に直すことができる．

右のように計算して，10進法の588は，5進法で4323と表されます．
したがって，
$588 = 5×5×5×4 + 5×5×3 + 5×2 + 3$

```
5 ) 588       588÷5の余り
5 ) 117 ……3
5 )  23 ……2
      4 ……3
```

答え　4, 3, 2

40　n 進法

大きい分数から決めていくと自然に求まるぞ．

$\frac{1}{2}=0.5$, $\frac{1}{4}=0.25$, $\frac{1}{8}=0.125$, $\frac{1}{16}=0.0625$

です．0.6875から，これらのうち一番大きな分数を次々と引いていきましょう．

0.6875 は 0.5 より大きいので，$0.6875-0.5=0.1875$
0.1875 は，0.25 より小さく，0.125 より大きいので，
$0.1875-0.125=0.0625$
したがって，0.6875 は，
$0.6875=0.5+0.125+0.0625$
$a〜d$ は，$a=1$, $b=0$, $c=1$, $d=1$

答え　1011

別解　$0.6875=\frac{11}{16}$ なので

$$\frac{11}{16} = \frac{a}{2} + \frac{b}{4} + \frac{c}{8} + \frac{d}{16}$$

16倍して，$11=8×a+4×b+2×c+d$
とすれば，普通の2進法の問題になります．

問題

41 ★★★

　ある中学校の研修旅行でTホテルに宿泊します．Tホテルはその中学校の貸し切りです．ホテルは全員が個室で，1人1部屋に宿泊します．1人ずつ順番に1号室，2号室，3号室……と部屋に入っていくことにします．ただし，このホテルでは，部屋の番号に4と9の数字は使っていません．つまり，4号室，9号室，14号室，……，41号室，……，192号室などの部屋の番号はありません．このとき，300番目に入った生徒の部屋の番号は何号室ですか．

（京都産業大附・C・一部改）

42 ★★★

　下のように整数をあるきまりで並べます．このとき，2012は上から何段目左から何番目になりますか．

$$\begin{array}{cccccc} 1 & 2 & 3 & 4 & 5 & 6 \\ 7 & 8 & 9 & 10 & 11 & 12 \\ 13 & 14 & 15 & 16 & 17 & 18 \\ 19 & 20 & \cdots & \cdots \end{array}$$

（カリタス女子・3回）

解答

41　n 進法

　8と9を使わないのであれば，8進法．4と9を使わない場合も，8進法だね．数字の対応に注意しよう．

　300を8進法で表すと，右の計算より，
$300 = 4 \times 8 \times 8 + 5 \times 8 + 4$
となることから，454です．

$$\begin{array}{r} 8\,)\,300 \\ 8\,)\,37 \cdots 4 \\ 4 \cdots 5 \end{array}$$

　通常の8進法で使える数字は0〜7ですが，部屋の番号に使える数字は0，1，2，3，5，6，7，8なので，以下のように数字が対応します．

通常の8進法	0	1	2	3	4	5	6	7
↓	↓	↓	↓	↓	↓	↓	↓	↓
この8進法	0	1	2	3	5	6	7	8

　通常の8進法の454は，部屋の番号では565（号室）です．

答え　565号室

42　数表

　整数が小さい順に6個ずつ左から並べられているよ．

$2012 \div 6 = 335$ 余り 2
ですから，
　上から336段目の左から2番目です．

答え　上から336段目の左から2番目

問題

43 ★★★

右の図はある決まりにしたがって数を並べた表の一部です．この決まりにしたがって数を並べ続けるとき，20段目の左から4番目の数はいくつですか．

	1番目	2番目	3番目	4番目	5番目
1段目	1	2	3	4	5
2段目	10	9	8	7	6
3段目	11	12	13	14	15
4段目	20	19	18	17	16
5段目	21				
6段目					
7段目					

（飯塚日新館）

問題

44 ★★★

下の図のように数字をある規則にしたがって並べていきます．31行目，21列目にある数は□です．また，630は，□行目，□列目です．

	1列目	2列目	3列目	4列目	5列目	…
1行目	1	2	5	10	17	26
2行目	4	3	6	11	18	
3行目	9	8	7	12	19	
4行目	16	15	14	13	20	
5行目	25	24	23	22	21	
⋮						

（西武台新座・特進）

解 答

43 数表

偶数段目は，右から小さい順に並んでいることに注意しましょう．

19段目までには，1から19×5＝95までが並んでいます．20段目は偶数段ですから，右から小さい順に数が並びます．左から4番目は，右から2番目ですから，答えの数は，95＋2＝97です．

答え　97

解 答

44 数表

1から□×□までの整数を並べると，数は正方形の形に並ぶよ．

31行目，21列目は，対角線（斜め右下に向かう直線）より下にあります．1列目には，□×□の形をした数が並んでいます．

31行目，1列目（ア）は，31×31＝961です．

31行目，21列目（イ）は，（ア）から21−1＝20だけ戻ったところで，961−20＝941が書かれています．

また，25×25＜630＜26×26です．630＝25×25＋5ですから，25行目の1列目は

25×25＝625，

1行目の26列目は

626です．

5行目の26列目（ウ）が

630になります．

答え　941，5，26

問題

45 ★★★

図のように，数字を規則的に並べます．このとき，20段目の一番右の数字は ① で，20段目の数字の合計は ② です．

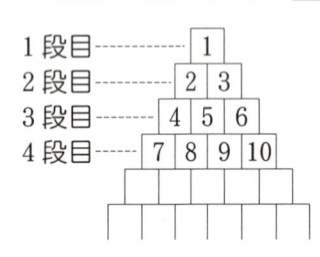

```
1段目--------    1
2段目--------   2  3
3段目--------  4  5  6
4段目-------- 7  8  9  10
```

（京都産業大附・一部略）

46 ★★★

下の図のように数字をある規則にしたがって並べていきます．10行目，10列目にある数を求めなさい．

（西武台新座・特進）

	1列目	2列目	3列目	4列目	5列目	6列目	…
1行目	1	2	4	7	11	16	
2行目	3	5	8	12	17		
3行目	6	9	13	18			
4行目	10	14	19				
5行目	15	20					
⋮							

解答

45 　数表

20段目の右端の数を求めたら，19段目の右端の数も求めよう．

1段目には1個，2段目には2個，3段目には3個，4段目には4個，…という規則で数字が並んでいます．
　2段目の右端には，1+2=3 が，
　3段目の右端には，1+2+3=6 が，
　4段目の右端には，1+2+3+4=10 が，
あります．
　よって，20段目の右端の数は，
　1+2+3+4+…+20
=(1+20)×20÷2=210
です．
　19段目の右端の数は，210−20=190 なので，20段目には，191から210までの20個の数が並んでいます．
　よって，20段目の数字の合計は，
　(191+210)×20÷2=4010

答え　①…210，②…4010

46 　数表

10行目，10列目から左下にたどって，ぶつかったところを求めるよ．

10行目，10列目から左下にたどった図のアは，1列目ですから，ウから 10−1=9 個進みます．（イ）は 10+9=19 です．
（ア）の位置には，
1+2+3+…+18+19
=(19+1)×19÷2
=190
が書かれます．
10行目，10列目の数（ウ）は，これから9個戻って，190−9=181 です．

答え　181

問題

47 ★★★

図のように1から順に整数を並べていきます．このとき，左から9番目，上から10番目の整数は□です．

1	2	5	10	17
3	4	6	11	18
7	8	9	12	19
13	14	15	16	20
21	22	23	24	25

（麗澤・2回）

48 ★★★

次の図のように数がある規則にしたがって並んでいます．ある段に並んでいるすべての数を足すと1024でした．このときその段は何段目ですか．

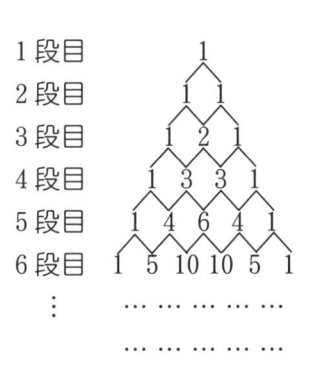

1段目　　　　1
2段目　　　1　1
3段目　　　1　2　1
4段目　　1　3　3　1
5段目　　1　4　6　4　1
6段目　1　5　10　10　5　1
　　⋮　　…　…　…　…　…
　　　　　…　…　…　…　…

（比治山女子・11）

解答

47　数表

1から右下に向かう直線上には，△×△の形の数が並んでいるよ．

矢印のように数が順に並んでいます．
1から右下に向かう直線上には，△×△の形をした数が並びます．
左から10番目，上から10番目の数（ア）は，
10×10＝100ですから，（イ）はこれの10−9＝1つ前で99

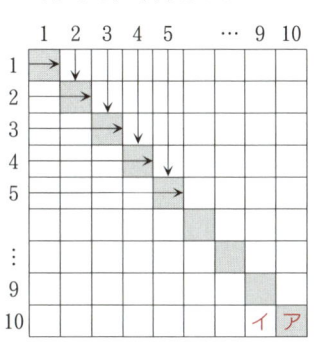

答え　99

48　パスカルの三角形

$\begin{matrix} a & & b \\ & a+b & \end{matrix}$　2つの数の真ん中の下側に，その2つの和を書いていくようになっているよ．

それぞれの段にある数のすべての和を調べます．

段	1	2	3	4	5	6	…
和	1	2	4	8	16	32	…

　　　×2　×2　×2　×2　×2

和は2倍，2倍……になっています．
7段目…32×2＝64，8段目…64×2＝128，
9段目…128×2＝256，10段目…256×2＝512
11段目…512×2＝1024

答え　11段目

問題

1 ★★★

3人の子供が1号室，2号室，3号室の3つの部屋に1人ずつ入る方法は□通りあります．

（立正・3回）

2 ★★★

Aさん，Bさん，Cさんは，3種類のケーキの中から，1人1個ずつ買うことにしました．何通りの買い方がありますか．

（昭和薬科大附）

解 答

1 積の法則

A，B，C3つの文字を並べるときの場合の数は，3×2＝6（通り）

3人をA，B，Cとします．Aさんが入る部屋は3通り．Bさんが入る部屋は，残りの2部屋の中から選んで2通り．残りの部屋にCさんが入ります．

したがって，答えは，3×2＝6（通り）

答え　　**6**

2 積の法則

1人ずつの場合を考えて，それらの数の積を取ろう．

ケーキはそれぞれ3個以上あるものとして考えます．

Aさんの買い方は3通り，Bさんの買い方は3通り，Cさんの買い方は3通りです．

答えは，これらをかけて，3×3×3＝27（通り）

答え　　**27通り**

問題

3 ★★★

A，B，C，Dの4人が一列に並ぶとき，AとBが隣り合う並び方は何通りありますか．

(富士見丘・3日午前)

4 ★★★

40人のクラスで，委員長，副委員長，書記を1人ずつ決めるとき，選び方は全部で◯◯通りです．

(履正社学園豊中・2次)

解答

3 順列

「隣り合う2人」は，初め「1人」とみなして考えよう．

AとBをまとめて，(AB)，C，Dの「3人」が並ぶと考えると，並び方は，3×2×1＝6(通り)

さらに，まとめた「(AB)」について，AとBの並び方が「AB」，「BA」と2通りあるので，答えは，
6×2＝12(通り)

答え　12通り

4 順列

委員長から順に選んでいこう．候補者は1人ずつ減っていくよ．

委員長の選び方は40通り．

副委員長の選び方は残りの39人の中から選ぶので39通り．

書記の選び方は，委員長，副委員長以外の残りの38人の中から選ぶので，選び方はそれぞれの場合をかけて，
40×39×38＝59280(通り)

答え　59280

問題

5 ★★★

運動会で男子2人，女子2人の4人がリレーに出場します．男子と女子が交互に走るとき，走る順番は何通りありますか．

（神奈川大附・C・一部略）

6 ★★★

男子3人，女子2人の5人でリレーのチームを作ります．第2, 4走者を女子と決めると，走る順番の決め方は◯◯◯通りです．

（東京農大三高附）

解答

5 積の法則

男子は男子で，女子は女子で，走る順番を考えよう．

最初に男女どちらが走るかで，

男 → 女 → 男 → 女
女 → 男 → 女 → 男

の2通りがあります．
さらに，男子2人のどちらが先に走るかで2通り，女子についても2通りです．
答えは，2×2×2＝8(通り)

答え　8通り

6 順列

男子の中での順番と女子の中での順番が決まると全体の順番が決まるぞ．

男 → 女 → 男 → 女 → 男

男子の中での順番と，女子の中での順番を決めます．男子が並んだあと，間に女子が入れば，全体の順番が決まります．
男子の中での順番の決め方は，3×2＝6(通り)
女子の中での順番の決め方は，2通り
したがって，全体の順番の決め方は，
6×2＝12(通り)

答え　12

問題

7 ★★★

　サッカー部2人，野球部2人，テニス部1人，バレー部1人の6人の生徒がいます．この6人が3人ずつA，B2つの部屋に入ります．同じ部の人は同じ部屋にならないような入り方は全部で何通りありますか．

(獨協・2回)

8 ★★★

　A，B，C，Dの4文字を横一列に並べます．AがBよりも左にあるような並べ方は何通りありますか．

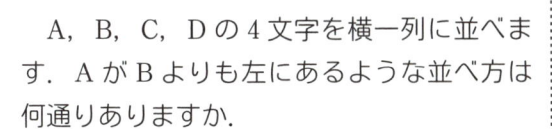

(共立女子)

解答

7　積の法則

> サッカー部と野球部とテニス部，サッカー部と野球部とバレー部にわかれるよ．

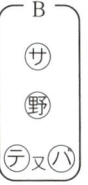

　サッカー部の2人はAとBにわかれて入るので，その入り方は2通り，野球部の2人についても2通りです．さらに，テニス部の1人とバレー部の1人のどちらがAに入るかで2通りあるので，答えは，
　　2×2×2＝8(通り)

答え　8通り

8　順列・対等性

> AがBよりも左にある並べ方は，制限をつけないで数えた場合の数のちょうど半分だけあるよ．

　A，B，C，Dの4文字の並べ方は，
　　4×3×2＝24(通り)
です．
　AとBの順番は，AがBより左にあるか，BがAより左にあるかの2通りなので，AがBより左にある場合は，全体の半分で，24÷2＝12(通り)

答え　12通り

問題

9 ★★★

A，B，C，D，E 5人の生徒が横一列に並びます．AとB，DとEはそれぞれ，必ずとなり同士に並ぶものとします．このとき，5人の並び方は全部で□通りあります．

（千葉明徳・4回）

10 ★★★

Aさん，Bさん，Cさん，Dさんの4人を2人ずつに分ける分け方は，何通りありますか．

（茨城・2回）

解 答

9 順列

AとB，DとEの文字をつなげて考え，Ⓐ、C，Ⓓの3個の並び方を考えた後，AとB，DとEの入れ替えを考えます．

Ⓐ，C，Ⓓの3個の並び方は，3×2＝6（通り）
AとBの入れ替えで2通り，DとEの入れ替えで2通りなので，全部で，6×2×2＝24（通り）

答え　**24**

10 組み分け

Aさんが誰と組むかを決めると，組が決まるぞ．

AはB，C，Dの3人と組むことができます．
（A－B，C－D），（A－C，B－D），
（A－D，B－C）
となり，答えは3通りです．

答え　**3通り**

問題

11 ★★★

5人の生徒を A，B 2つの部屋に分ける方法は何通りありますか．ただし，どちらの部屋にも少なくとも 1 人が入るものとします．

(昭和薬科大附)

解 答

11 部屋割り

> 部屋に誰が入るか，ではなく，誰がどの部屋に入るのか，と考えよう．

1人について考えると，A，B どちらの部屋に入るかの 2 通りの選択があります．5 人いるので，全部で
$$2×2×2×2×2＝32(通り)$$
あります．が，この中には，すべての人が，同じ部屋に入ってしまう場合の 2 通り（部屋 A にすべての生徒が入る，または部屋 B にすべての生徒が入る）が入っていますから，答えは，32－2＝30(通り)

答え　30 通り

12 ★★★

おはじきが 7 個あります．赤が 3 個，白が 2 個，青が 1 個，緑が 1 個です．この 7 個を，姉は 4 個，妹は 3 個に分けるとき，何通りの分け方がありますか．

(日本女子大附・2 回)

12 樹形図

> 白，青，緑を誰が持つかを考えよう．これを決めると赤は自動的に決まるぞ．

白の分配の仕方は，2－0（姉が 2 個，妹が 0 個），1－1，0－2 の 3 通り，青の分配の仕方は姉か妹かの 2 通り，緑の分配の仕方も姉か妹かの 2 通り．

全部で，3×2×2＝12(通り)

このうち，白 2 個，青 1 個，緑 1 個の計 4 個を妹がもらうことはないから，答えは，12－1＝11(通り)

答え　11 通り

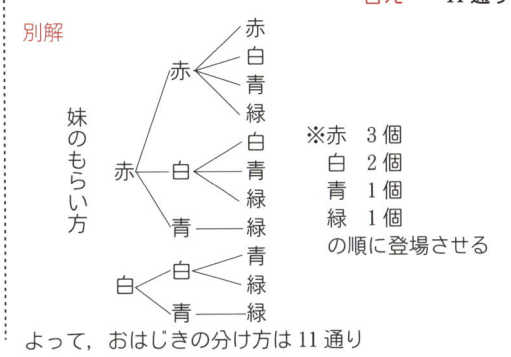

別解

妹のもらい方の樹形図

※赤　3 個
　白　2 個
　青　1 個
　緑　1 個
の順に登場させる

よって，おはじきの分け方は 11 通り

問題

13 ★★★

1，2，3の数字を使って4けたの整数をつくります．同じ数字を何回でも使えるとき，全部で□通りの整数ができます．

（日出学園）

14 ★★★

1，2，3，4，5，6の数字の書かれたカードが1枚ずつあります．この中から3枚を使って3けたの整数をつくるとき，偶数は□個できます．

（大妻・3回）

解答

13 数字並べ

各ケタに関して，3通りの数字の選び方があるよ．

千，百，十，一の位の4箇所のそれぞれに，3通りの数字の選び方があるので，3×3×3×3＝81（通り）

答え　81

14 数字並べ

一の位が偶数のとき，偶数になるぞ．一の位から決めていこう．

一の位は2，4，6の3通りを選ぶことができます．
百の位は，一の位に使った数字以外の5個の中から選びます．
十の位は，一の位，百の位に使った数字以外の4個の中から選びます．
答えは，3×5×4＝60（個）

答え　60

問題

15 ★★★

0，1，2，3，4 の数字が書かれたカードが1枚ずつあります．これらを用いて3けたの整数を作るとき，奇数は何個つくることができますか．

(関東学院六浦，改)

16 ★★★

0，1，2，2 の4枚のカードを使って4けたの整数はいくつできますか．

(星野学園・理数選抜)

解答

15 数字並べ

一の位，百の位，十の位の順にカードを決めていこう．

一の位は 1，3 の 2 通りがあります．

百の位では，一の位で使ったカードと 0 を使うことができませんから，3 通り．

十の位では，一の位，百の位で使ったカードは使えませんから 3 通り．

よって，答えは 2×3×3＝18（個）

答え　18 個

16 数字並べ

1，2 のカードを並べ，0 を最後に加えてみよう．

2 と 1 のカードだけで並べてみると，

1️⃣2️⃣2️⃣　　2️⃣1️⃣2️⃣　　2️⃣2️⃣1️⃣
↑ ↑ ↑　　↑ ↑ ↑　　↑ ↑ ↑

の 3 通りです．これに 0 を加えます．0 を加えることができる箇所は，上図の↑の箇所であり，それぞれ 3 箇所です．

答えは，3×3＝9（個）

答え　9 個

問題

17 ★★★

0，1，1，2，3 の数字が書かれたカードがあります．この 5 枚のカードから 3 枚を選んで 3 けたの整数をつくるとき，何通りの整数ができますか．

（明治大付中野・2 回）

18 ★★★

3 けたの数をすべて書きならべるために，0 は何個必要ですか．

（同志社国際）

解 答

17 数字並べ

1 を 1 枚以下用いるか，2 枚用いるかで場合分けして考えよう．

1 を用いる枚数が 1 枚以下のときと 2 枚使うときに分けて考えます．

1 枚以下のとき（⓪，①，②，③ から使う）

百，十，一の位の順にカードを決めていきます．百の位として 3 通り，十の位として 3 通り，一の位として 2 通りのカードを選ぶことができるので，このとき，3×3×2＝18（通り）

2 枚のとき（①，① 以外に ⓪，②，③ を使う）

□11 のタイプが 2 通り，1□1 のタイプが 3 通り，11□ のタイプが 3 通りで，このとき，

2＋3＋3＝8（通り）

答えは，これらを合わせて，18＋8＝26（通り）

答え　26 通り

18 使う個数

十の位が 0 である数，一の位が 0 である数を数えて足そう．

十の位が 0 である数を数えます．百の位は 1 から 9 までの 9 通り，一の位は 0 から 9 までの 10 通りなので，十の位で使われる 0 の個数は，9×10＝90（個）

一の位で使われる 0 の個数も，同様に数えて 90 個．

したがって，答えは，90＋90＝180（個）

答え　180 個

問題

19 ★★★

0，1，2，3，4，5のそれぞれの数字を1つずつ書いた6枚のカードがあります．このうちの3枚を用いて3桁の整数をつくるとき，5の倍数は何個できますか．

（清風・後期）

20 ★★★

異なる7冊の本から2冊を選ぶとき，何通りの選び方がありますか．

（聖ヨゼフ学園・A 2次）

解 答

19　数字並べ

5の倍数の一の位は0または5だね．場合分けして考えよう．

一の位が0の場合，百の位は5通りのカードが選べ，十の位はこれ以外の4通りです．5×4＝20（通り）．

一の位が5の場合，百の位は0以外の4通りのカードが選べ，十の位は4通りです．4×4＝16（通り）

答えは，合わせて，20＋16＝36（個）

答え　36個

20　組み合わせ

複数個の中から2個選ぶ選び方は計算で求めることができるよ．

異なる7冊の本の中から2回本を取り出すことを考えます．

初めの本の取り方は7通り，次の本の取り方は残りの6冊の中から取るので6通りです．

全部で（7×6）通りですが，例えばA，B2冊の本を選ぶときは，

「初めにAを取り出し，次にBを取り出す」ときと，

「初めにBを取り出し，次にAを取り出す」ときで，同じ選び方でも2重に数えていますから，2で割って，

（7×6）÷2＝21（通り）

答え　21通り

問題

21 ★★★

A，B，C，D，Eの5枚のクッキーがあります．このうち3枚を選びます．選び方は□通りです．

（品川女子学院・3回）

22 ★★★

平面上に直線を6本引きます．どの2本もたがいに平行でなく，3本以上が同じ点で交わらないとします．このとき，交わる点は全部でいくつありますか．

（日本大一）

解答

21 組み合わせ

選ばれない2枚のほうのクッキーに着目しよう．

選ばれない2枚として考えられる組は，
（A，B），（A，C），（A，D），（A，E），（B，C），
（B，D），（B，E），（C，D），（C，E），（D，E）
の10通りです．よって答えは10通りです．

答え　**10**

別解　選ばれない2枚の組を計算で求めてみます．

5枚の中から2枚を取って並べる「並べ方」は，
（5×4）通り

このうち，例えばAとBの組は，AB，BAと2通りに数えられていますから，「選び方」は，これを2で割って，（5×4）÷2＝10（通り）

22 組み合わせ

2本の直線の組に対して，1個の交点があるよ．

6本の直線のうちから2本の直線を選ぶと，その2本の交点がちょうど1個あります．

したがって，交点の個数は，6本の直線のうちから2本の直線を選ぶ選び方に等しく，
（6×5）÷2＝15（個）

答え　**15個**

問題

23 ★★★

十二角形の対角線は全部で□本です．

(成城学園・2回)

24 ★★★

下の図の六角形 ABCDEF で，6つの頂点の中から異なる4つの点を選び，対角線を2本引きます．2本の対角線が交わるような線の引き方は何通りありますか．

(同志社)

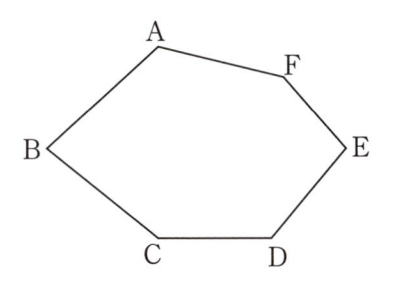

解答

23 組み合わせ

n 角形の対角線の本数は，
$(n-3) \times n \div 2$（本）．

1つの頂点からは，$(12-3=)9$ 本の対角線が出ています．頂点は12個ですから，全部で (9×12) 本ですが，これでは1本の対角線について2回数えていますから，2で割って，対角線の本数は，

$(9 \times 12) \div 2 = 54$（本）

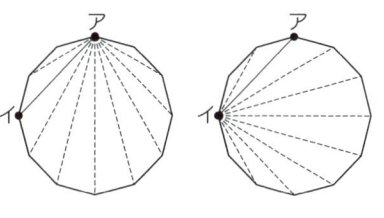

答え　54

24 組み合わせ

交わる2本の対角線を引くには，頂点を4つ用意する必要があるね．

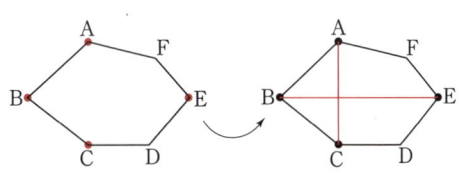

6つの頂点から4つを選ぶと，それに応じて，交わる2本の対角線の組が一組できます（上図）．

よって答えは，6つの頂点から4つを選ぶ選び方の総数と同じで，それは，6つの頂点から（選ばない）2つを選ぶ選び方の総数と同じなので，

$(6 \times 5) \div 2 = 15$（通り）

答え　15通り

問題

25 ★★★

　5個のリンゴを赤，青，黄色の3枚の皿に分けるとき，□通りの分け方があります．ただし，どの皿にも少なくとも1個はのせるものとします．

(立正・午後)

26 ★★★

　A君とB君が7回すもうをとります．勝ち負けは1回ごとに必ず決まり，引き分けはありません．A君に連敗がないとき，A君が4勝3敗となる場合は何通りありますか．

(東京農大一高・3回)

解答

25　組み合わせ

まず，3つの皿にのせるリンゴの個数の組を考えよう．

どの皿にも少なくとも1個はのせることから，3枚の皿にのせるリンゴの個数の組は，
　ア；(3個，1個，1個)，
　イ；(2個，2個，1個)
の2つが考えられます．

アの場合，3個のせるのがどの色の皿かで3通り，イの場合，1個のせるのがどの色の皿かで3通りの場合が考えられるので，答えは，3＋3＝6(通り)

答え　**6**

26　組み合わせ

勝ち星○の間に，負け星×を入れて勝敗結果を作ってみよう．

勝ち星4個と負け星3個で勝敗結果を作ります．4個の勝ち星○に加えて，↑のところに3個の負け星×を1個ずつ入れれば，×は連続しません．5個の↑から，×を入れる3個を選びます．

　　○ ○ ○ ○
　↑ ↑ ↑ ↑ ↑

×を入れない2個の↑を選ぶと考えて，(5×4)÷2＝10(通り)となります．

答え　**10通り**

問題

27 ★★★

1円，5円，10円の硬貨を使って合計20円にする方法は全部で □ 通りです．ただし，使わない硬貨があってもよいものとします．

（日本大豊山女子）

28 ★★★

100円玉3枚と，50円玉2枚と，10円玉3枚を使って支払うことのできる金額は全部で □ 通りです．ただし，0円の場合は含みません．

（郁文館・2回）

解 答

27 支払い

5円と10円で合計が20円以下を払う場合を数えればいいね．

5円と10円の硬貨を使って，合計が20円以下にする方法を数えます．20円に足りない部分は1円で払います．

10円	0					1			2
5円	0	1	2	3	4	0	1	2	0

答えは，9通り．

答え　9

28 支払い

初めに50円玉と100円玉を用いてできる金額を考えるよ．

50円玉と100円玉を使って支払うことができる金額は，

0, 50, 100, 150, 200, 250, 300, 350, 400

円の9通りです．

10円玉の使い方は0枚，1枚，2枚，3枚の

3+1＝4（通り）

ですから，全部で9×4＝36（通り）となります．

このうち，すべてが0枚，つまり0円の場合を除いて，答えは36－1＝35（通り）

答え　35

問題

29 ★★

大小 2 個のさいころを同時にふったとき，出た目の和が 8 以上になるのは □ 通りあります．

（東京家政学院）

30 ★★★

大，中，小の 3 個のさいころを同時に投げるとき，出た目の数の和が 11 になるのは何通りですか．

（東京電機大・3回）

解答

29 サイコロ

大のさいころの目の出方 6 通り，小のさいころの目の出方 6 通り．全部で 6×6＝36（通り）を表にして調べよう．

図の網の部分で，和が 8 以上になります．

網の部分は，〇を付けた部分を全体から引いて 2 で割ると求まります．

（6×6−6）÷2＝15（通り）

小＼大	1	2	3	4	5	6
1	2	3	4	5	6	⑦
2	3	4	5	6	⑦	8
3	4	5	6	⑦	8	9
4	5	6	⑦	8	9	10
5	6	⑦	8	9	10	11
6	⑦	8	9	10	11	12

答え　　15

30 サイコロ

和が 11 になるような 3 数を探し，それを大中小に振り分けよう．

1〜6 の数を用いて，和が 11 になるような 3 数の組は，
(1, 4, 6)，(1, 5, 5)，(2, 3, 6)，(2, 4, 5)，(3, 3, 5)，(3, 4, 4)
です．このうち，―が付いたものは，すべての数字が異なる 3 数からなるので，大中小のさいころの目への割り振り方は，1 つの組について，3×2＝6（通り）あります．

―が付いていないものは，2 数が同じで（〇，〇，△）の△を大中小のどのさいころへ割り振るかを考えて，1 つの組について 3 通りあります．

したがって，全部で，6×3＋3×3＝27（通り）です．

答え　　27 通り

問題

31 ★★★

　大・中・小の3つのサイコロをふったとき，出た目の数の積が偶数になるのは何通りですか．

（獨協埼玉）

32 ★★★

　4人でじゃんけんをします．あいこになるのは全部で□通りあります．

（明治学院）

解 答

31 サイコロ・余事象

全体の場合の数から，積が奇数となる場合を引いて求めよう．

　積が奇数となる場合は，大中小のすべての目が奇数のときです．
　すべての目が奇数となる場合の数は，
　　　3×3×3＝27（通り）
です．これを全体の場合の数から引いて，
　　　6×6×6－27＝189（通り）

答え　　189通り

32 ジャンケンあいこ

あいこになるのは，1種類の手しか出ない場合と，すべての手が出る場合．

あいこになるのは，
㋐　4人とも同じ手を出す場合．
　　どの手でそろうかで3通り．
㋑　2人，1人，1人が互いに異なる手を出す場合．
　　同じ手を出す2人の選び方が
　　（4×3）÷2＝6（通り）
　　手の出し方が3×2×1＝6（通り）
　　あるので，6×6＝36（通り）
答えは，㋐と㋑を合計して，3＋36＝39（通り）

答え　　39

問題

33 ★★★

4人の友達 A，B，C，D でプレゼント交換します．プレゼントは必ず自分以外の人に渡すものとすると，交換の方法は全部で□通りあります．

（春日部共栄・3回）

34 ★★★

図のように A 地点から B 地点までの道があります．後もどりせずに A から B まで行く道順は□通りです．

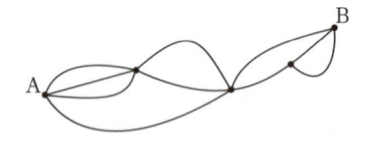

（常総学院）

解 答

33 かくらん順列

B のプレゼントを A がもらうとして数え上げましょう．

B のプレゼントを A がもらうとして，数え上げます．すると，右の3通りがあります．

A が，C のプレゼント，D のプレゼントをもらう場合も同じく3通りずつありますから，答えは，
 3×3＝9(通り)

Ⓐ…A が持ってきたプレゼント

答え　9

34 道順

A から D までの道順と，D から B までの道順に分けて数え，かけ算しよう．

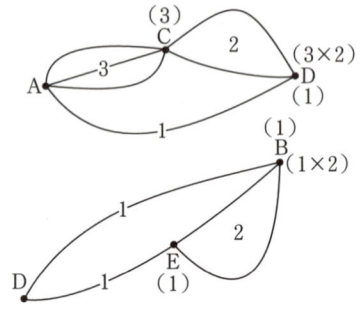

A→C が3通り，C→D が2通りなので，A→C→D は，3×2＝6(通り)．
 A→D は，6＋1＝7(通り)．
D→B は，1＋2＝3(通り)．
したがって，7×3＝21(通り)

答え　21

問題

35 ★★★

図1のようなコマの上の面に色をぬります．コマの上の面は図2のように円が5つの同じ形のおうぎ形に分けられています．5つのおうぎ形それぞれに赤か白の色を必ずぬるとき，コマの模様は何通りできるか求めなさい．ただし，5つとも同じ色でぬる場合は除きます．

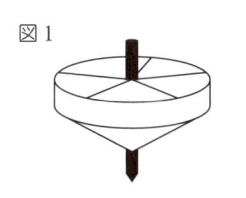

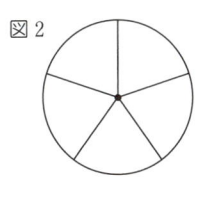

図1　図2

（愛知淑徳）

36 ★★★

図のア～エを赤，青，黄，緑の4色を使って塗り分けます．となり合うところには同じ色を使わないものとします．同じ色を何回使っても，使わない色があってもかまいません．何通りの塗り方がありますか．

（日本女子大附・2回）

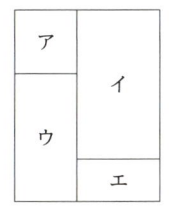

解答

35　塗り分け

赤を塗る場所の個数によって場合分けして数えるぞ．

書き上げると，以下の6通りです．

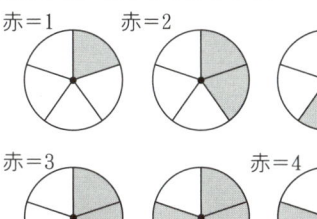

赤＝1　赤＝2　赤＝2

赤＝3　赤＝4

答え　6通り

別解　場所を区別してA～Eとすると，塗り方は2×2×2×2×2＝32(通り)．このうち，全部同じ色で塗る方法が2通りです．32－2＝30(通り)　では，同じ場合を5回数えているので，答えは，30÷5＝6(通り)

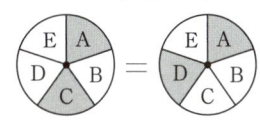

36　塗り分け

ア，イ，ウ，エの順番に色を塗ると，かけ算で求められるぞ．

ア，イ，ウ，エの順に色を決めていきます．

アには，4通りの色を塗ることができます．イには，アに塗った以外の色を塗るので3通りの色を塗ることができます．ウには，ア，イに塗った以外の色を塗るので2通り，エには，イ，ウに塗った以外の色を塗るので，2通り．

したがって，色の塗り方は，4×3×2×2＝48(通り)

答え　48通り

問題

37 ★★★

図のように，4本の平行な直線と3本の平行な直線が交わっています．図の中には平行四辺形が何個ありますか．

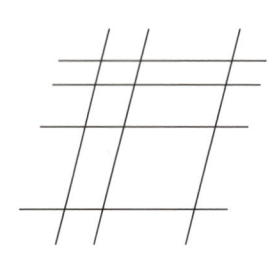

（星野学園・3回）

38 ★★★

図のように，合同な正方形のタイルがたてに3枚，横に4枚しきつめられた長方形の中に，大小さまざまな正方形は全部で□個あります．

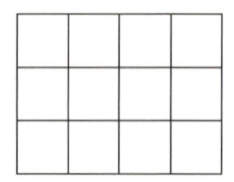

（昭和女子大附昭和・C）

解答

37 図形の数え上げ

タテの平行線，横の平行線から辺となる平行線の組を選ぼう．

タテの平行線から2本を選び，横の平行線から2本の平行線を選ぶと，平行四辺形を作ることができます．

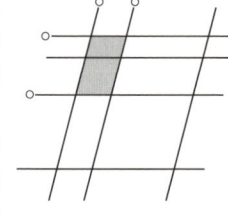

3本のタテの平行線から2本を選ぶ選び方は3通り，4本の横の平行線から2本を選ぶ選び方は，
(4×3)÷2＝6(通り) です．
したがって，平行四辺形の個数は，3×6＝18(個)

答え　18個

38 図形の数え上げ

正方形のサイズごとに数え上げよう．

1×1の正方形は，
3×4＝12(個)

2×2の正方形は，左下の頂点が，図1のように・のところにくることができるので，・を数えて
2×3＝6(個)

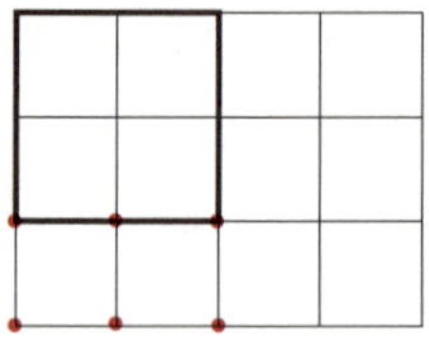

3×3の正方形は，左下の頂点が，図2のように・のところにくることができるので，・を数えて2個

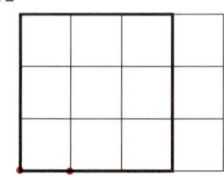

全部で，
12＋6＋2＝20(個)

答え　20

問題

39 ★★★

下の図のように，たて，よこ等しい間隔に並んだ 16 個の点があります．この中から 4 つの点を選びそれらの点を頂点とする正方形をつくると，大きさの違う正方形は全部で何種類できますか．

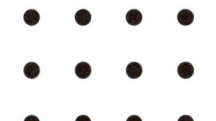

（麗澤）

40 ★★★

下の図を一筆書きする方法は ☐ 通りです．

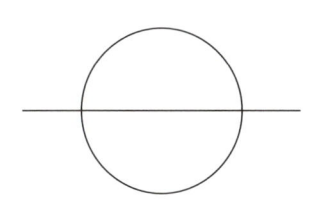

（高輪・C）

解 答

39 図形の数え上げ

斜めの正方形もあることに注意しよう．タイプに分けて数えよう．

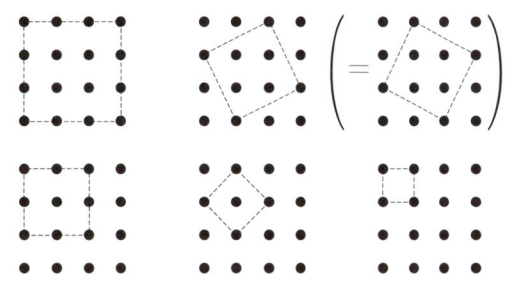

答え　5種類

40 一筆書き

始点と終点はひげのところしかありえないよね．

始点は A と D の 2 通りあります．

A から始めると，B での選び方が 3 通りあり，C での選び方が 2 通りあります．

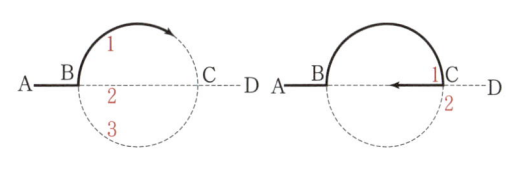

よって，一筆書きの方法は，2×3×2＝12（通り）

答え　12

問題

41 ★★★

長方形の紙に1本の直線を引くと，長方形は2個に分かれます．2本の直線を引くと最大で4個に分けることができます．4本の直線を引くと，最大で何個に分けることができるか答えなさい．

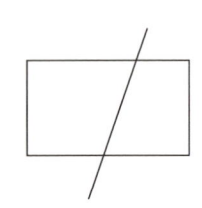

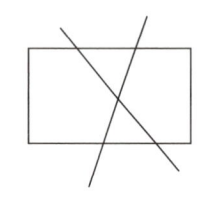

（安田女子・Ⅱ）

42 ★★☆

下図で，A地点からB地点まで遠回りせずに行く方法は全部で□通りあります．ただし，×の道は通行止めです．

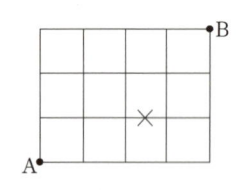

（千葉日本大一）

解 答

41 平面の分割

3本の直線が1点で交わることがないとき，個数が最大になるよ．

実際に，描いてみると下のようになります．答えは11個です．直線の本数と分けることができる最大の個数には，下の表のような関係があります．

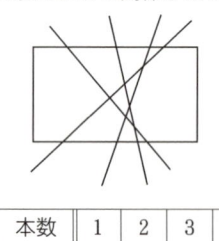

本数	1	2	3	4
個数	2	4	7	11

+2　+3　+4

答え　11個

42 道順

各交差点ごとに，そこまでの道順の総数を書き込んでいこう．

左下のような図で，Eを通る道順は，CまたはDを通ります．よって，Eまでの道順の総数は，Cまでの道順の総数とDまでの道順の総数の和になります．

このきまりを用いて，図に各交差点までの道順の総数を書き込むと下右図のようになります．

答えは，26通り．

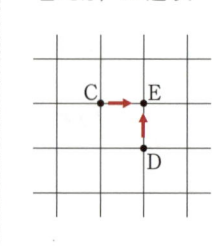

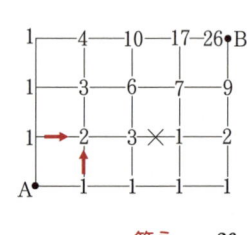

答え　26

問題

43 ★★★

図のような同じ大きさの3つの立方体からなる立体図形において，点Aから立方体の辺を通り，遠回りをしないで点Bまで行く方法は何通りありますか．

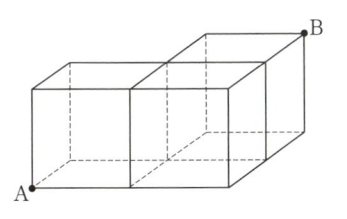

(獨協埼玉・2回)

44 ★★★

1個60円のみかんと1個100円のりんごをそれぞれ何個か買って，代金をちょうど3000円にします．買い方は全部で何通りありますか．ただし，どちらも1個以上は買うものとします．

(大宮開成・2回)

解答

43 道順

上面にある頂点への行き方は，左，手前，下からの3方向からの道順があるよ．

立体図形の底面にある点については，平面と同じ規則で，立体図形の上面にある点については，下の図1のような決まりで，その点までの道順の総数を書き込んでいきます．各点までの道順の総数を書き込むと図2のようになります．答えは25通りです．

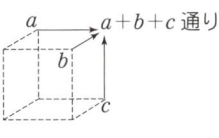

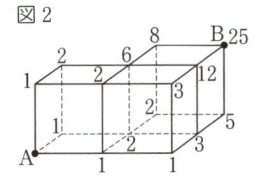

図1　　　図2

答え　25通り

44 つるかめ算数え上げ

60と100の最小公倍数の300円ずつ，みかんとりんごを入れ替えるよ．

全部みかんだとすると，3000÷60＝50(個)
60と100の最小公倍数が300なので，300円では，
　みかん… 300÷60＝5(個)
　りんご… 300÷100＝3(個)
となることから，みかん5個をりんご3個に入れ替えていきます．
　すると，

| みかん | 50 | 45 | 40 | … | 5 | 0 |
| りんご | 0 | 3 | 6 | … | 27 | 30 |

というように，みかんの個数は45個から5個ずつ減っていくので，買い方は全部で，45÷5＝9(通り)あります．

答え　9通り

問題

1 ★★☆

123チームのサッカーチームがトーナメントで優勝を争うとき，準々決勝に進む8チームが決まるまでに□試合行われます．ただし，各試合は不戦勝や引き分けはなく，必ず勝敗が決まるものとします．

（早稲田大佐賀）

2 ★★☆

ある売店では，ジュースの空きビンを7本持っていくと，新しいジュース1本と交換してくれます．ジュースを100本買うと，飲むことのできるジュースの本数は全部で□本です．

（法政大）

解 答

1 トーナメントの数

1試合で，1チームが負けるので，試合数と負けたチーム数は等しくなるぞ．

負けたチームの数は，123−8＝115（チーム）
試合数はこれに等しいので，115試合．

答え　115

2 空きビンの問題

初めの7本買ったあと，6本ずつ買い足していくと考える．

7本買って，1本もらいます．この空きビンに，6本を買い足して，空きビンを7本にして，1本もらいます．
　また，この空きビンに6本を買い足して，1本もらいます．
　6本を買い足す回数は，
(100−7)÷6＝15　余り3　から，15回です．交換してもらったジュースの本数は，15+1＝16（本）です．全部で，100+16＝116（本）のジュースを飲むことができます．

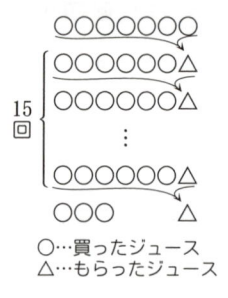

○…買ったジュース
△…もらったジュース

答え　116

問題

3 ★★★

ある中学校で，生徒数 543 人の中から 9 人の生徒会役員を選出します．1 人 1 票ずつ投票するとき，必ず当選するには少なくとも何票必要ですか．

(桜美林)

4 ★★★

A，B，C，D，E は 1 から 5 までの異なる整数を表します．次の①〜⑤がわかっているとき，A，B，C，D，E をそれぞれ求めなさい．

① A は奇数　　② 2×A＝B＋C
③ A＋B は偶数　④ B＜C
⑤ 2×D＝E

(大妻多摩)

解答

3 当確問題

(当選者数＋1)の人数で，票を割り振って考えよう．

543÷(9＋1)＝54 余り 3 です．
54 票獲得したとします．他 9 人の候補者が，
　55，55，55，54，54，54，54，54，54
となる場合があるので，当選するとは限りません．
55 票獲得したとします．落選したとすると，当選者 9 人の合計は，56×9(票) 以上でなければなりません．合わせて，55＋56×9＝559(票) 以上になりつじつまが合いません．55 票獲得した場合は，当選確実です．

答え　55 票

参考　一般に，総票数÷(当選者数＋1) より多い得票数で，当選確実になります．

4 数当て

しぼりやすい条件⑤から D と E を決めていこう．

D と E の組として考えられるのは，⑤より，
D＝1，E＝2 と D＝2，E＝4 です．
D＝1，E＝2 のとき，3，4，5 が残りなので，②，④より A＝4，B＝3，C＝5 です．しかし，A が偶数なので①に反します．
D＝2，E＝4 のとき，1，3，5 が残りなので，②，④より，A＝3，B＝1，C＝5 です．A は奇数で，A＋B は偶数なので，①，③を満たします．

答え　A＝3，B＝1，C＝5，D＝2，E＝4

問題

5 ★★☆

重さがすべてちがう4個のボール A，B，C，D があり，てんびんにのせると，それぞれ下の図のようになりました．A，B，C，D のうち，2番目に重いボールは □ です．

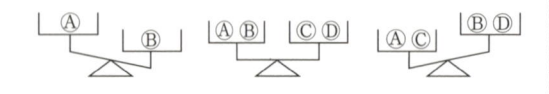

（東京都市大付）

6 ★★★

A，B，C，D の4人がそれぞれサイコロを1回ずつふったところ，次のようになりました．

- 4人の出た目はすべて異なっていました．
- 1の目が出た人はいませんでした．
- A さんの目の数は B さんの目の数で割り切れます．
- C さんの目の数と D さんの目の数の積は奇数です．
- A さんと C さんの目の数の和と，B さんと D さんの目の数の和は同じです．

このとき，この4人の出た目の数をそれぞれ答えなさい．

（浦和明の星女子）

解答

5 大小推理

つりあっているてんびんのようすから考えるよ．

真ん中の図のつりあっていた天びんで，B と C を入れ替えると，右側の図のように C が下がるので，
C＞B ……①
左側の図の天びんのようすから，A＜B ……②
A＋B＝C＋D と①，②を線分図に表すと右図のようになります．
2番目に重いのは B です．

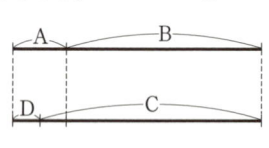

答え　B

6 数当て

奇数×奇数＝奇数，奇数×偶数＝偶数，偶数×偶数＝偶数だよ．

A さん，B さん，C さん，D さんの出た目の数をそれぞれ a，b，c，d とします．

c と d の積が奇数であることから，c と d はともに奇数です（奇数×奇数＝奇数）．1の目が出た人はいないので，c と d の一方は3，他方は5です．

すると，a と b は 2，4，6 のうちのどれかですが，a は b で割り切れることから，a と b の組は，
　(a，b)＝(4，2) または (6，2)

さらに，$a＋c$ と $b＋d$ が等しいことから，右の図より，a と b の差は，
5－3＝2 とわかります．

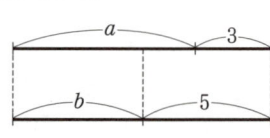

よって，$a＝4$，$b＝2$ ときまり，このとき，$c＝3$，$d＝5$ となります．

答え　A…4，B…2，C…3，D…5

問題

7 ★★★

A，B，C，Dの4人の身長を比べると，AはBより高く，CはAより高いです．また，Dは2番目に高いので，最も低いのは ☐ です．

（玉川聖学院・2回）

8 ★★★

A，B，C，D，E，Fの6人の身長について，ア～カのようなことが分かりました．身長の低い方から順に並べなさい．

　ア　Cは低い方から3番目だった．
　イ　DはCより低かった．
　ウ　Fは真ん中より高かった．
　エ　BはFより高かった．
　オ　AはDより高く，Eより低かった．
　カ　EはBとFの間だった．

（日本大豊山）

解答

7　大小推理

問題文の条件から，A，B，C，Dを直線上に並べてみよう．

右が高く，左が低いものとします．「AはBよりも高く，CはAより高い」から図1のようになります．

図1
B　A　C　→高い

図2
B　A　D　C　→高い

Dは2番目に高いので，図2のようになります．最も低いのはBです．

答え　B

8　大小推理

エ，カの条件から考えるよ．

エ，カより，B，E，Fは低い方から，F，E，Bの順に並び，ウより，F，E，Bは，低い方から4，5，6番目です．

アよりCは低い方から3番目，またオより，AはDより高いので，DACFEBと並びます．

このとき，イを満たします．

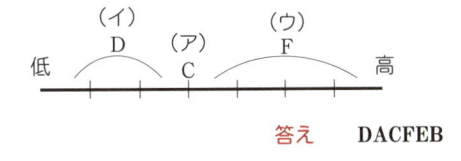

　　　（イ）　　　　　（ウ）
　　　D　（ア）　　　　
低　　　　C　　　F　　　高

答え　DACFEB

問題

9 ★★★

　ある家に3人の兄弟がいました．その中の1人が，おやつを勝手に食べてしまいました．3人は次のようにお母さんに話しましたが，3人のうち2人はうそを言っています．
　長男「ぼくが食べました」
　次男「お兄さん(長男)は食べていません」
　三男「ぼくは食べていません」
おやつを食べたのは，長男・次男・三男のうち誰ですか．

（常総学院・2回）

10 ★★★

　A君，B君，C君，D君の中に正直者が2人います．正直者は必ず正しいことを言いますが，正直者でない人は必ずしも正しいことを言うとはかぎりません．あるとき，4人は次のように言いました．正直者は誰と誰ですか．

　A君「B君とC君は正直者です．」
　B君「ぼくは正直者で，C君は正直者ではありません．」
　C君「ぼくとB君は正直者ではありません．」
　D君「A君は正直者ではありません．」

（帝京大）

解 答

9　うそつき問題

　うそをついた2人を仮定して考えましょう．3通りあるよ．

　ア　長男，次男がうそをついた．
　長男の発言より「長男が食べていない」，次男の発言より「長男が食べた」となり，合いません．
　イ　長男，三男がうそをついた．
　長男の発言より「長男が食べていない」，三男の発言より「三男が食べた」となります．
　ウ　次男，三男がうそをついた．
　次男の発言より「長男が食べた」となり，三男の発言より「三男が食べた」となり，食べた人が2人いることになり合いません．
　うそをついていたのは，長男，三男で，おやつを食べたのは，三男です．

答え　三男

10　うそつき問題

　「私はうそつきです」と発言した人は，正直者かな，うそつきかな．

　C君は「ぼくは，正直者ではありません」と発言しています．
　もしもC君が正直者なら，「正直者です」と発言するはずですから，C君は正直者ではありません．
　次に，A君の発言に着目します．「B君とC君は正直者」と発言していますが，C君は正直者ではありませんから，A君はうその発言をしていることになり，A君は正直ものではありません．
　　正直者でないのはA君とC君
　　正直者は残りのB君とD君　　☆
のはずです．
　実際，この仮定のもとでは，B君の発言「ぼくは正直者でC君は正直者ではありません．」，D君の発言「A君は正直ものではありません．」は正しいことを主張しているので，☆の仮定が正しいものであったことがわかります．

答え　B君とD君

問題

11 ★★★

円形のテーブルにA，B，Cの男子3人とD，E，Fの女子3人が等間隔に座りました．着席したときの位置関係が(ア)～(エ)のようになっているとき，Eの隣りに座っているのは誰と誰ですか．

(ア) Aの両隣りは女子である．
(イ) BとDは隣りどうしである．
(ウ) CとBは隣りどうしである．
(エ) FはCの正面に座っている．

(東京農大一高)

12 ★★★

①，①，②の3枚のカードがあります．この3枚のカードを裏向きにしてよく混ぜて，A，Bの2人が1枚ずつ選び，おたがいに自分のカードの番号は見ないで相手に見せます．AはBのカードを見ても自分のカードの番号はわかりませんでしたが，「自分のカードの番号はわかりません．」というBの発言を聞いて，自分のカードの番号がわかりました．A，Bが選んだカードの番号を答えなさい．

(四天王寺)

解答

11 場所当て

Dの場所を仮定して考えを進めていくといいよ．

「BとDは隣りどうし」
「CとBは隣りどうし」
より，C−B−Dとつながっています．

Dがどこにいるかによって場合分けして考えます．

図1のように，Aを一番上と定めて，Dが①，⑤にいるとすると，Cの座る場所が③になるので，「FはCの正面に座っている」という(エ)の条件に反します．

Dが②，④にいることにすると，(エ)の条件を考え，図2，図3のように位置関係が定まります．また，このとき(ア)の条件を満たします．Eの両隣りは，AとCです．

Dが③にいるとすると，Cは①また⑤になりますが，「Aの両隣りは女子である」という(ア)の条件に反します．

したがって，Eの両隣りは，AとCです．

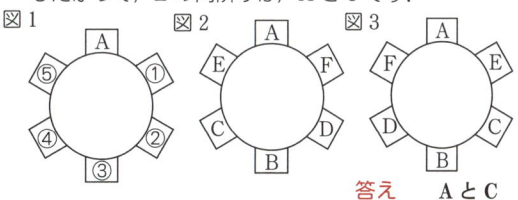

答え　AとC

12 論理

2のカードが見えれば，自分のカードが1だとわかるよね．

Aは，Bのカードが1であるのを見たので，自分のカードの番号がわからなかったのです．同じように，Bも，Aのカードが1であるのを見たので，自分のカードの番号がわからなかったのです．

そのBの発言を聞いたAは，自分のカードが1であるとわかったのです．

答えは，Aが1，Bも1です．

答え　A…1，B…1

中堅校受験用

単問チェックで 中学入試基礎固め

全3冊シリーズ

数
（整数・規則性・場合の数）
▶計算
▶約数・倍数・余り
▶規則性
▶場合の数
▶論理
2色刷
B5判・100ページ・定価1,100円(税込)

図形
▶角度・面積・長さ
▶長さの比と面積の比
▶動く図形
▶体積・表面積
▶切断・展開図
▶水量
2色刷
B5判・112ページ・定価1,100円(税込)

文章題
▶植木算・集合算
▶和差算から平均算
▶比と割合
▶速さ
2色刷
B5判・112ページ・定価1,100円(税込)

基礎固めに最適な単問演習で確実に実力アップ！

単問攻略が合格への近道．

「単問」とは，1問1答形式の小問・1行題のことです．単問には，(1)，(2)，(ア)，(イ)などといった誘導の設問や枝分かれの設問はありません．1つの問題に対して，1つの解答を答えます．

中学入試の算数でよく見られる出題構成は，1番が計算問題，2番が各分野から単問を集めたもの，3番以降が，(1)，(2)などの設問がある大問というパターンです．入試を突破するためには，前半の1番，2番の設問を確実に得点することが大切です．

さらに言うなら，特別な難関校を除けば，1番，2番で確実に得点することで，十分に合格点に到達するのが実情なのです．

単問を集めた本シリーズは、入試合格に直結した問題集と言えるでしょう．

単問は，基礎固めに最適．

単問は設問ポイントが1つに絞られていて明確です．単問での演習は基礎の習得に最適な学習方法です．

単問だから，さくさく進む．

単問を解くには，あまり時間がかかりません．その分繰り返し学習することで，確実に基礎を身につけることができ，学習効率が上がります．

入試の実情がわかる．

本シリーズでは，過去2，3年分の入試問題から単問を採録してあります．そのため学習を進めていくと，入試突破のための具体的な目安が分かるようになります．

難易度

本シリーズは，弊社の出版している問題集の中でも一番易しい問題集です．『ステップアップ演習』，『算数/プラスワン問題集』が難関校向けであるのに対し，本シリーズは難関校受験のための基礎固め，中堅校受験用の教材となっています．

東京出版 〒150-0012 東京都渋谷区広尾3-12-7 TEL.03-3407-3387
ホームページアドレス https://www.tokyo-s.jp/

あとがき

　月刊の『中学への算数』で扱う問題は，難関校を受験する人向けのやや難しいものが中心です．毎年の入試問題を整理する中で，この本で紹介しているような単問の多くは'ゴミ箱行き'でした．しかし，『朝日小学生新聞』への連載が始まってから，単問を注意深く見る機会が増え，それによってはっきり気付いたことがあります．それは，これらの単問群に，中学入試における算数の基本がもれなくギュッと詰まっているということです．そして，これらをきちんとマスターできた人なら，枝問のある応用問題でも，かなりの部分まで解けるということを実感しました．この本で紹介した問題を，1つ残らず解けるようになってください！　そうすれば，合格はあなたのすぐ目の前です．　（堀西）

　表紙にカワイイぶたちゃんが書かれた新しい参考書が出来上がりました．

　この本は，中学入試で出題された単問を集めた本です．単問を繰り返しこなすことで，算数の「型」を身に付けることができるようになります．「型」は基本にして到達点です．「型」を身につけた人は，応用もできるのです．この本は，多くの中学受験生を合格に導いていくことでしょう．

　「単問チェック，やってる？」
　「ああ，ぶたちゃんマークの参考書でしょ．これだけやれば受かるらしいよ．」

きっと，みなさんの周りでそんな会話が聞かれるようになるでしょう．進学教室の教室に行くと，みんながこの本を持っていて，教室が養豚場と化している．きっと，この本は中学受験算数の定番参考書になることでしょう．

　中学受験を目指す人には，いつもこの本をカバンの中に携えて，ぶたちゃんをカワイがってもらえればと思います．

　ぶたちゃんの愛称募集中．
　　　　　　　　　　（石井）

付記

　本書は，朝日小学生新聞に「中学への算数」編集部が寄稿した連載記事「受験算数　単問小問パパッと突破」（11年4月～13年2月）から問題を抜粋し，まとめ直したものです．連載中は，朝日学生新聞社編集部の岩本尚子さん，山川優子さんに一方ならぬお世話になりました．感謝の意に堪えません．

単問チェックで中学入試基礎固め
数（整数・規則性・場合の数）

平成25年2月25日	第1刷発行
令和7年7月30日	第8刷発行

編　者　東京出版編集部
発行人　黒木憲太郎
整版所　錦美堂整版
印刷所　日経印刷
発行所　東京出版
〒150-0012
　　東京都渂谷区広尾3-12-7
電　話　（03）3407-3387
振　替　00160-7-5286
https://www.tokyo-s.jp/

Ⓒ Tokyoshuppan 2013, Printed in Japan
　　　　ISBN978-4-88742-189-9
落丁・乱丁の場合は，ご連絡ください．
送料弊社負担にてお取り替えいたします．